激发孩子兴趣的
海洋百科

冰河 编著

中国纺织出版社有限公司

内 容 提 要

　　人类生活的地球有三分之二的领域都是海洋，而海洋是一个神秘的地方，海底世界更是令人神往，人类对它探索的脚步也从未停歇，海洋中有美丽的珊瑚，有令人惊恐的大白鲨，也有可爱的企鹅……海洋到底隐藏着多少我们不知道的秘密呢？让我们一起去海底来一次探秘之旅吧！

　　本书将向孩子们介绍各种各样的海洋生物，以及当今海洋生态环境的现状，让孩子们认识和了解海洋的形成过程、历史变迁、不同海洋的特征以及生长于海洋中的动植物的生活习性等。

图书在版编目（CIP）数据

激发孩子兴趣的海洋百科 / 冰河编著. -- 北京：
中国纺织出版社有限公司, 2024.2
　　ISBN　978-7-5180-9651-0

　　Ⅰ.①激…　Ⅱ.①冰…　Ⅲ.①海洋－儿童读物　Ⅳ.
①P7-49

中国版本图书馆CIP数据核字（2022）第113385号

责任编辑：刘桐妍　　责任校对：高　涵　　责任印制：储志伟

中国纺织出版社有限公司出版发行
地址：北京市朝阳区百子湾东里A407号楼　邮政编码：100124
销售电话：010—67004422　传真：010—87155801
http://www.c-textilep.com
中国纺织出版社天猫旗舰店
官方微博 http://weibo.com/2119887771
三河市延风印装有限公司印刷　各地新华书店经销
2024年2月第1版第1次印刷
开本：710×1000　1/16　印张：11
字数：120千字　定价：49.80元

亲爱的孩子们，

你知道海洋是怎么形成的吗？

你知道全世界五大洋是怎么分布的吗？

你见过不吃人的鲨鱼吗？

你知道憨态可掬的企鹅生活在哪里吗？

你知道"海底医生"是哪种动物吗？

你知道当下海洋垃圾有多少吗？

……

以上这些问题，都是海洋百科的内容。的确，人类生存的地球有三分之二的领域都是海洋。海洋是地球的蓝色心脏，任何一个成长期的孩子，都要充分认识和了解海洋的形成过程、水域、气候、生态、动植物、微生物等，特别是要深刻认识海洋灾害，并参与到保护海洋的行动中来。随着科技进步和时代发展，一个开发海洋的新时代已经来临，让海洋更好地造福于人类，但前提是我们要保护好它。

蔚蓝色的海洋是一个令人向往的地方，那里是海洋动物的乐园。从巨大的鲸类到肉眼无法看到的浮游生物，无数动植物在海洋里徜徉。

其实，生活中很多孩子都去过海洋馆，对海底世界也充满了兴趣，然而，海洋馆只是模仿了海底世界，孩子要想了解真正的海洋知识，还需要一本系统性的书籍，而这就是我们编写本书的目的。

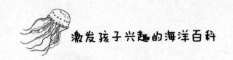

  本书从趣味性出发，兼顾实用性，从海洋的起源开始谈起，总结了孩子们一些需要了解的知识，激发孩子们学习海洋知识的兴趣。现在让我们打开本书，一起遨游于海底世界吧！

编著者

2022年3月

目录
CONTENTS

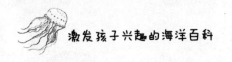

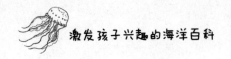

第01章
海洋的形成与地形地貌

地球是我们生存的家园，而水是生命之源。水并不储存于陆地之中，而是以液态的形式汇聚于海洋，形成了一个全球规模的含盐水体。那么，海洋是怎样形成的呢？海水又有怎样的性质？海底的地貌又是怎样的呢？带着这些疑问，我们来看看本章的内容吧。

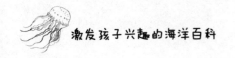

海洋是怎么形成的

地球上有各种各样的地形地貌，海洋是地球上最广阔的水体的总称。海洋的中心部分称作洋，边缘部分称作海，彼此沟通组成统一的水体。

地球上海洋总面积约为3.6亿平方千米，约占地球表面积的71%，平均水深约3795米。海洋中含有十三亿五千多万立方千米的水，约占地球上总水量的97%，而可用于人类饮用的水仅占2%。

地球四个主要的大洋为太平洋、大西洋、印度洋和北冰洋，大部分以陆地和海底地形线为界。目前，人类已探索的海底只有5%，还有95%的海底是未知的。

那么，海洋是怎样形成的呢？

研究证明，大约在50亿年前，一些大小不一的星云团块从太阳星云中分离出来，它们在自转的同时，还绕太阳转动，在运动的过程中，又发生了碰撞，有些团块彼此结合，由小变大，慢慢形成了原始的地球。星云团块碰撞过程中，在引力作用下又急剧收缩，加之内部放射性元素蜕变，使原始地球不断受到加热增温；当内部温度达到足够高时，地内包括铁、镍等物质开始熔解。在重力作用下，一些比较重的物质会逐渐下沉并向地心集中，而轻的则逐渐上浮，形成了地壳和地幔，但是地球内部的温度会越来越高，这样，内部的水分汽化与气体一起冲出来，飞升入空中。但是由于地心的引力，它们并不会完全"脱离"地球，而是成为一层水气合一的圈层。

地壳位于地表部分，经过冷却和凝结后，因为不断受到地球内部剧烈运动的冲击和挤压而变得褶皱不平，如果挤压的力度过大，则会被挤破，这样就形成了地震与火山爆发，热气与岩浆会从中喷出，这种情况发生得极为频繁，之后会慢慢减少，并且逐渐稳定下来，这样剧烈的地壳运动和地球物质改组的过程，大约是在45亿年前完成的。

地壳经过冷却定形之后，地球就像一个久放而风干了的苹果，表面皱纹密布，凹凸不平。高山、平原、河床、海盆，各种地形一应俱全了。

在很长的一段时期内，天空中水气与大气共存于一体，浓云密布，天昏地暗。随着地壳逐渐冷却，大气的温度也慢慢降低，水气以尘埃与火山灰为凝结核，变成水滴，越积越多。由于冷却不均，空气对流剧烈，形成雷电狂风，暴雨浊流，雨越下越大，持续了几百年。滔滔的洪水，通过千川万壑，汇集成巨大的水体，这就是原始的海洋。

其实，原始海洋的海水并不是咸的，而是缺氧且略带酸性的，随着地球内部温度的升高，海水水分不断蒸发并且上升形成云雨，再重新落回到地面，将陆地和海底岩石中的盐分溶解，不断地汇集于海水中。经过亿万年的积累融合，才导致了海水变咸，同时，由于大气中当时没有氧气，也没有臭氧层，强烈的紫外线能直达地球，生物根本无法直接生活在地面上，但海洋不同，海洋中的海水能对生物起到保护作用，因此，生物首先在海洋里诞生。大约在38亿年前，即海洋里产生了有机物，先有低等的单细胞生物。在6亿年前的古生代，有了海藻类，在阳光下进行光合作用，产生了氧气，慢慢积累形成了臭氧层。此时，生物才将生存的家园逐渐转移

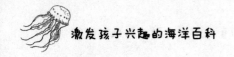

到陆地。

总之，经过水量和盐分的逐渐增加，以及地质历史上的沧桑巨变，原始海洋逐渐演变成今天的海洋。

海洋有哪些特征

可能你经常听到周围的人说"大海是生命之源",因为海洋是由水组成的,且海洋分布广泛,对于生存于陆地上的人类同样产生了巨大的作用,当然,海洋与陆地是不同的,那么,海洋有什么特征呢?

第一,面积大,约占地球表面积的71%。

海洋的面积约3.62亿平方千米,比全球陆地面积(约1.5亿平方千米)的两倍还要大。

第二,水量大,海洋中含有十三亿五千多万立方千米的水,约占地球上总水量的97.5%。

第三,盐度高,海水所含的盐分各处不同,平均约为3.5%。

那么,海水为什么是咸的?它会不会随着时间的推移变得越来越咸?对于这一问题,多少年来,人们一直没有一个共同的观点。

海水之所以咸,是因为海水中有着浓度极高的盐(约为3.5%),不过盐可不全部是氯化钠,还有一些是氯化镁、硫酸钾、碳酸钙等,正是这些盐类使海水变得又苦又涩,难以入口,那么这些盐类究竟从哪里来的呢?有的科学家认为,在漫长的地质时期,刚开始形成的地表水(包括海水)都是淡水,后来由于水流侵蚀了地表岩石,使岩石中的盐分不断地溶于水中,这些水流再汇成大河流入海中。随着水分的不断蒸发,盐分逐渐沉

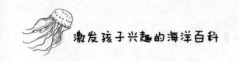

积，时间长了，盐类就越积越多，于是海水的含盐量就增加了。不过按照这样的推理方法，海水将会越来越咸。

有的科学家则另有看法，他们认为，海水一开始就是咸的，是先天形成的，根据他们的测试研究发现，海水并没有越来越咸，盐分也没有增加，只是在地球各个地质的历史时期，海水中含盐分的比例不同。

还有一些科学家认为，海水之所以是咸的，是先天和后天一起作用的结果，海水中的盐分不仅有大陆上的盐类不断流入，还有来自大洋底部火山喷发后岩浆溢出而增加的盐分，对于这一说法，大多数学者都表示赞同。

还有一些科学家以死海为例指出，尽管海洋中的盐类会越来越多，但随着海水中可溶性盐类的不断增加，它们之间会发生化学反应而生成不可溶的化合物沉入海底，久而久之，被海底吸收，海洋中的盐度就有可能保持平衡。总之，海水为什么是咸的？它会不会越来越咸？这还需要科学家们不断探索和研究。

第四，各大海洋处于连通状态，而将陆地分割。

地球表面海洋和陆地的分布，一般来说没有明显的规律性，但也可以找到几个特点：

✤ 世界海洋不但面积广大，而且是相互连通的，各大洋之间都有宽阔的水域或者较狭窄的水道相连，即使是比较封闭的内陆海或陆间海，也都有海峡与其他海或洋相通。世界上的陆地都被海洋环抱着，除欧亚大陆和非洲大陆、南北美洲大陆之间有狭窄的地峡相连外，其他大陆都是被海洋包围的"岛屿"，只不过人们把小于格陵兰岛的陆地称为岛，而把大于澳大利亚大陆的陆地称为洲。

✻ 海洋和陆地在地球表面分布很不均匀。全球陆地面积的67％集中在北半球，而海洋面积的57％集中在南半球。海洋面积在北半球约占海陆总面积的61％，在南半球约占81％。北纬60°~70°一带陆地占海陆总面积的71％，而南纬56°~65°几乎没有陆地，因而有人把北半球称为陆半球，把南半球称为水半球。当然陆半球和水半球还有另外一种划分方法，即以法国维莱纳河口的杜曼岛为中心的半球，包含了欧亚大陆、美洲大陆和非洲大陆，称为陆半球；以新西兰东南面的安蒂波多岛为中心的半球，海洋面积占海陆总面积的90.5％，称为水半球。

✻ 海陆分布存在着不太标准的南北对称现象。从陆地分布来说，欧洲南面有非洲，亚洲南面有大洋洲，北美洲南连南美洲；从海陆分布来看，庞大的欧亚大陆南方有较小的印度洋，庞大的太平洋南侧有较小的大洋洲，北极有北冰洋，南极有南极洲。

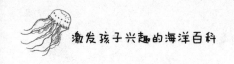

海洋的地形地貌

相信你们都知道我们生活的陆地表面有很多地形地貌，如高山、丘陵、湖泊等，那么，海洋的地形地貌是怎样的呢？

海洋的地形地貌指的是水覆盖之下的固体地球表面形态。由于海水的掩盖，海底地形起伏难以直接观察。早期的铅锤测深法，费时多，精度低。20世纪20年代以来，船舰在航行中运用了回声测深仪，能够快速地测出海底深度，结合精确定位，得以揭示海底地形真相。

在地球表面上大陆和洋底呈现为两个不同的台阶面，陆地大部分地区海拔高度在0~1千米，分地区深度在4~6千米。整个海底可分为三大基本地形单元：大陆边缘、大洋盆地和大洋中脊。大洋盆地有两种含义：广义的指大陆架和大陆坡以外的整个大洋；狭义的指大洋中脊和大陆边缘之间的深洋底。这里指的是狭义的含义。

三大地形单元又可进一步划出一些次一级的海底地形单元。

1.大陆边缘

大陆边缘指的是大陆与洋底两大台阶面之间广阔的过渡地带。大约占据整个海洋面积的22%，大陆边缘可分为大西洋型大陆边缘和太平洋型大陆边缘，前者被称为被动大陆边缘，后者被称为活动大陆边缘。前者由大陆架、大陆坡、大陆隆3部分构成，地形宽缓，见于大西洋、印度洋、北冰洋和南极洲的大部分周缘地带；后者陆架狭窄，陆坡陡峭，大陆隆不发育，而被海沟取代，可分两类：海沟—岛弧—边缘盆地系列和海沟直逼陆缘的安第斯型大陆边缘，主要分布于太平洋周缘地带，也见于印度洋东北缘等地。

　　大陆架指的是临海岸、向海缓斜的浅海地带。陆架外缘水深可达到100~200米，这里会出现一个明显转折的坡度，并且会下延为陡斜的大陆坡。大陆坡是地球上最绵长、壮观的斜坡，其海底峡谷很深，形成的原因是浊流的冲刷，为陆源沉积物输入深海底的重要通道，在峡谷口外，会常有沉积物堆积成的海底扇。大陆坡向下或过渡为大陆隆，或陡降至深海沟。

　　大陆隆是大陆坡麓部，由沉积物堆积成的和缓坡地，向洋侧过渡为坡度更缓的深海平原。海沟约比相邻的大洋盆地深2~4千米，横剖面呈不对称的V字形，其陆侧斜坡较陡，洋侧斜坡较缓。洋侧坡过渡为大洋盆地处，有时发育与海沟平行延伸的宽缓的外缘隆起，高出深海平面约500米。岛弧陆侧为弧后盆地（也称边缘盆地），水深浅于大洋盆地，与相邻的岛弧和海沟组成统一的沟—弧—盆体系。另外，有些大陆边缘地形复杂，交替出现的盆地和岭脊，称为大陆边缘地，如南加利福尼亚岸外。陆架以外水深较大的台阶，称为边缘海台，如美国东南岸外的布莱克海台。

2.大洋盆地

　　大洋盆地位于大洋中脊与大陆边缘之间，它的一侧与中脊平缓的坡麓相接，另一侧与大陆隆（大西洋型大陆边缘）或海沟（太平洋型大陆边

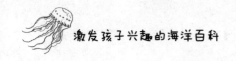

缘）相邻，约占海洋总面积的45%。大洋盆地被海岭等正向地形所分割，构成若干外形略呈等轴状，水深为4000~5000米的海底洼地，称海盆。宽度较大、两坡较缓的长条状海底洼地，叫作海槽。海盆底部发育深海平原、深海丘陵等地形。

深海平原是起伏的玄武岩基底被厚沉积物披盖而成，坡度小于千分之一。除赤道生物高产带外，深海平原的形成多与源自大陆或岛屿的浊流沉积物的大面积铺盖有关。通常分布于邻接大陆隆处。若盆底沉积物无几，则为熔岩流或岩盖组成的深海丘陵，有的个体呈小型盾状火山，起伏为几十至几百米。深海丘陵常分布于深海平原向大洋中脊一侧。太平洋边缘展布着海沟，浊流沉积等陆源的物质难以越过海沟输送到洋盆区，来自上覆水层的远洋沉积一般为量有限，不足以铺覆成深海平原，故太平洋中深海丘陵占洋底面积的80%~85%。

三大洋内还散布着宽缓的海底高地，称为海隆，如百慕大海隆。一些顶面平坦，四周边坡较陡的海台（也称海底高原），或由熔岩堆积形成，或具有花岗岩基底，后者也称微型陆块，如印度洋中塞舌尔群岛所在的马斯卡林海台。

3.大洋中脊

地球上最长最宽的环球性洋中山系，占海洋总面积的33%。太平洋内，山系位置偏东，起伏程度小于大西洋中脊，称为东太平洋海隆。大西洋中脊呈S形，与两岸轮廓平行。印度洋中脊歧分三支，呈"入"字形。

三大洋的中脊南端在南半球相互连接，北端分别经浅海或海湾潜伏进大陆。大洋中脊轴部高出两侧洋盆底部1~3千米，脊顶水深一般为2~3千米，有的甚至露出海面，如冰岛。中脊被一系列与山系走向垂直或稍斜交的大断裂错开，沿断裂带出现狭长的沟槽、海脊和崖壁，断裂带两侧海底被分割成深度不同的台阶。大洋中脊分脊顶区和脊翼区，脊顶区由多列近于平行的岭脊和谷地相间组成。脊顶为新生洋壳，上覆沉积物极薄或缺失，地形十分崎岖。沿大西洋和印度洋中脊轴部，一般有深1~3千米的裂谷夹峙于两侧裂谷山脊之间。至脊翼区，随着洋壳年龄增大和沉积层加厚，岭脊和谷地间的高差逐渐减小，有的谷地可被沉积物充填呈台阶状，远离脊顶的翼部可出现较平滑的地形。

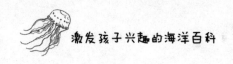

海水的物理性质

对于海水，可能你的感受是：海水是咸的，大海是蓝色的。那么，除了这些，海水还有哪些物理性质呢？

海水的物理性质包括温度、密度、透明度、海冰等，我们可以将其扩展为：

1.海水温度

海水温度是度量海水热量的一个重要指标，也是海洋热能的一种表现形式。海洋热能不仅驱动大部分的大洋环流，还制约着海洋生物系统运转的速率。海洋热量的摄入，主要是来自太阳辐射的热量。

有研究表明，到达海面的太阳总辐射的年总量达$12.6 \times 1020kJ \sim 13.6 \times 1020kJ$。其中8%的热量被反射回大气，其他的全部被海水所吸收。海洋表面年平均温度在$-2 \sim 30°C$，全球海洋年平均水温为17.4°C，相比全球年平均气温，要高出3.1°C。

在一年四季中，海洋表层的温度并不稳定。一般来说，低纬度海区的水温，要高于高纬度海区的水温。同一海区的水温，在夏季高些，冬季低些。赤道海区的水温是最高的，太平洋西部赤道两侧为最高，形成著名的西太平洋暖流。海洋温度除有水平差异外，还会向深层逐渐降低，但上层降温快，下层降温慢，甚至趋向均匀。温度随深度而迅速降低的大洋水层称为温跃层，它是生物以及海水环流的一个重要分界面，它通常位于海面以下100~200米处。

2.海水密度

所谓海水密度，是指单位体积内所含海水的质量。海水的密度要大于淡水的密度，为$1.02~1.07g/cm^3$，之所以比淡水的密度大，原因就是海水中含有许多溶解盐类。

此外，海水会随着温度、盐度和气压的变化而变化。温度升高时密度减小，盐度增加时密度增大，气压加大时密度增大。这就是三者对海水密度的影响。

此时你可以想象一下，假设有一艘轮船从长江口进入大海，会发生什么样的情况呢？很明显，不管是在长江还是在大海，同一艘轮船所需要的浮力都是相同的，都等于它的重量，不同的是需要排开液体的体积不同，由于海水的密度比淡水大，所以，只要排开较少体积的海水，就能获得同样的浮力，也就是说，轮船从长江进入大海时船体会自然向上浮。

3.海水的透明度

在很多人看来，海水是透明的，其实并不是所有海水都是如此，有些地方的海水清澈透明，阳光可以照射很深，而有些地方的海水则比较混浊，只有浅层的海水能被阳光照射。为了表示海水的不同透明程度，科学家引入"海水透明度"这个概念，它是表示海水透明程度的一个量，是人们衡量海水光学性质的重要参考。

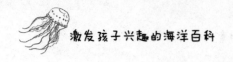

那么，该如何测量海水的透明度呢？

孩子们，我们可以先准备一个直径为30厘米的白色圆板，任何材质都可以，但要保证它能沉入水中，这种圆盘被称为透明度盘。在圆盘上系一根绳子，并在绳子上做好长度标记，然后把圆盘放入水中，让它缓慢沉下去，不要让圆盘过度倾斜。仔细观察沉入水中的白色圆盘，直至看不见时，记下圆盘在水中的深度，这就是该处海水的透明度，也可以说是能见度深度。

海水的透明度会受到多种因素的影响，如海水的颜色、水中悬浮物、浮游生物、海水的涡动、入海径流，甚至天空的云量等。

一般远离海岸的海水透明度较高，靠近大陆的海水透明度较低。世界各大洋的透明度值并不是一样的，平均来说，太平洋的水透明度比大西洋和印度洋的要高。

4.南极海冰

淡水结冰是在0℃，海水因含盐度较高，冰点要低于淡水。随着海水中含盐量的增加，海水的冰点降低，这是海水不易结冰的原因之一。另一个原因是海水密度最大时的温度低于淡水密度最大时的4℃，且随着盐度的增大而降低。所以，海水结冰的过程较为缓慢。

海冰形成的过程非常复杂。从物理学上讲，寒冷的天气使表层海水散失热量，随之海水温度降低、密度增大，于是海水产生下沉，而底层海水密度偏小，便要上升到表层。这样海水的垂直的对流过程开始进行，对流会使整个水体的密度保持稳定。当海水对流停止时，海水就会逐渐结成冰。

海水的化学性质

前面我们提及，在地球表面，绝大部分都是海洋，海洋是地球水圈的主体，是全球水循环的主要起点和归宿，也是各大陆外流区的岩石风化产物最终的聚集场所。

海水的历史十分悠久，可追溯到地壳形成的初期，沧海桑田，在漫长的岁月里，由于地壳的变动和广泛的生物活动，改变着海水的某些化学成分。

1.海水的化学成分

海水是一种混合溶液，它的成分非常复杂。它所包含的物质大体可分为3类：①溶解物质，包括各种盐类、有机化合物和溶解气体；②气泡；③固体物质，包括有机固体、无机固体和胶体颗粒。在所有的海洋水中，96%~97%是水，3%~4%是溶解于水中的各种化学元素和其他物质，这些元素又可分为许多种类。

迄今为止，科学家们从海水中提炼出了80多种化学元素，但其含量差别很大。主要化学元素是氯、钠、镁、硫、钙、钾、溴、碳、锶、硼、硅、氟这12种，含量占全部海水化学元素总量的99.8%~99.9%，它们被称为海水的大量元素。其他元素在海水中所占的比例非常小，都在1mg/L以下，

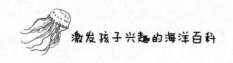

被称为海水的微量元素。海水中的化学元素有一个最大的特点，那就是上述12种主要离子浓度之间的比例几乎不变，因此称为海水组成的恒定性。它对计算海水盐度能起到很大的作用。溶解于海水中的元素大多数以盐类离子的形式存在。海水中主要的盐类含量差别很大，其中，氯化物含量最高，占盐类总量的88.6%，其次是硫酸盐，占总量的10.8%。

那么，海水中的盐分又来自哪里呢？它主要来源于两方面：

一方面是陆地上的水在源源不断涌入大海时，会将表层的盐带入海洋里，其成分虽与海水有所差别（海水中以氯化物为最多，河水中主要以碳酸盐为主），但是碳酸钙的溶解度很小，一旦流入海洋中能够很快沉入海底。

另一方面，海洋生物大量地吸收碳酸盐构成骨骼、甲壳等，当这些生物死后，它们的外壳、骨骼等就沉积在海底，这么一来，就会大大降低海水中的碳酸盐含量。硫酸盐的收支近于平衡，而氯化物消耗最少。久而久之，在生物作用的影响下，海水的盐分就与河水出现了明显的区别，海水中的氯和钠从岩浆活动中分离得来。这从海洋古地理研究和从古代岩盐的沉积，以及最古老的海洋生物遗体都可证实古海水也是咸的。总的来说，这两种来源是相互作用与相互配合的。

2.海水的盐度

所谓海水盐度，是指海水中全部溶解物质与海水重量之比，通常以每千克海水中所含的溶解物质的克数来表示。世界大洋的平均盐度约为35‰。海洋中的总盐量一般都是比较固定的，但是，在不同的海区和同一海区的不同时刻，其盐度却是不同的。就海洋表面而言，盐度主要受降水量、蒸发量的影响。蒸发使海水浓缩,降水使海水稀释。降水量比蒸发量大的海区,一般盐度较小,反之盐度较大。

在世界大洋中,副热带海区的盐度最大,其中大西洋在37‰以上,南太平洋在36‰以上,北太平洋在35.5‰以上,印度洋为35‰。靠近赤道和高纬度的海区,盐度会逐渐减小,南极海区小于34‰。最高盐度值和最低盐度值通常会出现在大洋边缘的海域中,如红海北部高达42.8‰,波罗的海的含盐度只有15‰,其北部的波的尼亚湾含盐量更低至3‰左右,称为淡化海。我国渤海的含盐度是24‰左右。

3.海水中的气体

海水中的气体成分主要以氧气和二氧化碳为主。海水中的氧气主要来自大气与海生植物的光合作用。海水中的二氧化碳主要也来自大气与海洋生物的呼吸作用及生物残体的分解。因此,海水中的氧气和二氧化碳的含量与大气中的含量和海洋中生物的多少有着密切的联系。

当海洋中的植物生长茂盛,光合作用强烈时,水中的溶解氧含量多,二氧化碳少;当生物残体多,植物光合作用较弱时,水中二氧化碳含量多,氧含量少。当海水的温度增高时,海水中的氧含量减少;当水温下降时,海水中的氧含量就会增多。

海水中二氧化碳的溶解度十分有限,但海洋中的植物能够消耗大量的二氧化碳,而且在微碱性环境中,海水中二氧化碳与钙离子结合,还会生成碳酸钙沉淀。这么一来,大气中的二氧化碳就会不断地溶于海水中,故海洋上或海岸边的空气总是无比新鲜。从这个角度来说,海洋是地球气候的巨大调节器。

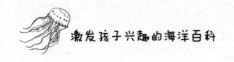

前面，我们已经了解，在我们生存的地球上绝大部分都是海洋，海洋大约占地球面积的71%。然而，海洋并不是连在一起的，而是分布在地球的各个位置，分别是太平洋、大西洋、印度洋、北冰洋、南冰洋，大部分以陆地和海底地形线为界。到目前为止，人类已探索的海底只有5%，还有95%的海底是未知的。

接下来，孩子们，我们就来看看这五大洋的大体分布位置和具体情况：

1.太平洋

太平洋是所有海洋中面积最大、深度最大、边缘海和岛屿最多的大洋。太平洋南北的最大长度约15900千米，东西最大宽度约19900千米，总面积18134.4万平方千米，占地球表面积的1/3，是世界海洋面积的1/2。平均深度3957米，最大深度11034米。全世界有6条万米以上的海沟全部集中在太平洋。

据较多资料介绍，太平洋最先是被西班牙探险家巴斯科发现并命名的，"太平"一词即"和平"之意。

16世纪，西班牙的航海学家麦哲伦从大西洋经麦哲伦海峡进入太平洋并到达菲律宾，在海上航行期间，天气晴朗、海面风平浪静，于是也把这一海域取名为"太平洋"。

太平洋地处亚洲、大洋洲、美洲和南极洲之间，北端的白令海海峡与北冰洋相连，南至南极洲，并与大西洋和印度洋连成环绕南极大陆的水域。

太平洋海水容量为70710万立方千米，均居世界大洋之首，且蕴含了各种丰富的资源，尤其是渔业水产和矿产资源，其渔获量及多金属结核的储量和品位均居世界各大洋之首。

2.大西洋

除了太平洋外，面积占据第二位的就是大西洋了，比太平洋面积的一半稍多一点。平均深度3627米，最深处达9218米，最大宽度2800千米，总面积约为9165.5万平方千米。

大西洋位于南、北美洲和欧洲、非洲、南极洲之间，海洋呈南北走向，似"S"形的洋带。南北长约1.5万千米，东西窄，位于波多黎各海沟处。

海洋资源丰富，鱼类众多，每年的捕鱼量能占据全球的1/5以上，且海运特别发达，东、西分别经苏伊士运河和巴拿马运河沟通印度洋和太平洋，其货运量约占世界货运总量的2/3。

3.印度洋

印度洋是世界第三大洋。面积约为7056万平方千米，包括属海的平均深度3839.9米，最大深度达9074米。

印度洋位于亚洲、大洋洲、非洲和南极洲之间。洋底中部有大致呈南北向的海岭。大部分处于热带，水面平均温度15~28℃。其边缘海红海是世

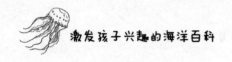

界上含盐量最高的海域。

海洋资源主要是石油资源，单是波斯湾就是世界海底石油最大的产区。印度洋是世界最早的航海中心，海洋货运量约占世界的10%，其中石油运输居于首位。其航道是世界上最早被发现和开发的，是连接非洲、亚洲和大洋洲的重要通道。

4.北冰洋

北冰洋是五大洋中面积和体积最小、深度最浅的大洋。面积约为1475万平方千米，仅占世界大洋面积的4.1%，体积为1700万立方千米，仅占世界大洋体积的1.2%，平均深度1225米，仅为世界大洋平均深度的1/3，最大深度也只有5527米。

北冰洋位于地球的最北面，大致以此北极为中心，介于亚洲、欧洲和北美洲北岸之间，它是五大洋中温度最低的寒带洋，常年冰雪覆盖。每当这里的海水向南流进大西洋时，随时能看到巨大的冰山随波浮动，从远处看，宛如一尊尊怪物漂浮于水面上，甚是骇人，不过就是这些冰山，对航运事业的安全造成了很大的威胁。在北冰洋，一年中几乎一半的时间，连续暗无天日，恰如漫漫长夜难见阳光，而另一半日子，则多为阳光普照，只有白昼而无黑夜。因此，北冰洋上的一昼一夜，仿佛是一天而不是一年。此外，置身大洋中，常常能看见人们向往的极光现象，极光美轮美奂、变幻莫测，蔚为壮观，被称为世界奇观。

5.南冰洋

南冰洋，也叫"南极海""南大洋"，是世界第5个被确定的大洋，是世界上唯一一个完全环绕地球却没有被大陆分割的大洋。南冰洋是围绕南极洲的海洋，是太平洋、大西洋和印度洋南部的海域，以前一直认为太平洋、大西洋和印度洋一直延伸到南极洲，南冰洋的水域被视为南极海，但因为海洋学上发现南冰洋有重要的不同洋流，于是国际水文地理组织于2000年确定其为一个独立的大洋，成为五大洋中的第四大洋。

孩子们，了解了五大洋的概况，想必你能对地球上海洋的分布情况有了大致的了解，这样看来，我们赖以生存的家园——地球，其实真的是水做的哩！

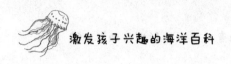

海和洋有什么区别

　　我们的地球被海洋包围着，地球表面的71％被海洋占据。平常，人们把海和洋合在一起叫海洋，然而，你知道吗？这两者是有区别的。

　　海和洋的主要差别体现在5个方面：即面积、水深、潮汐系统、受陆地影响程度以及沉积物。

　　海，在洋的边缘，是大洋的附属部分。海的面积约占海洋的11%，海的水深比较浅，平均深度2~3千米。海临近大陆，受大陆、河流、气候和季节的影响，海水的温度、盐度、颜色和透明度，都受陆地影响，有明显的变化。夏季海水变暖，冬季水温降低，有的海域，海水还会结冰。在大河入海的地方，或多雨的季节，海水会变淡。由于受陆地影响，河流夹带着泥沙入海，近岸海水混浊不清，海水的透明度差，海没有自己独立的潮汐与海流。

　　按所处的地理位置不同，海可以分为边缘海、陆间海和内海。位于大陆边缘，以半岛、岛屿或群岛与大洋分隔，但是水流交换通畅的海，被称为边缘海，如阿拉伯海，日本海以及我国的黄海、东海、南海等。深入大陆内部，仅有狭窄的水道与大洋相通的海被称为内海，如红海、黑海以及我国的渤海等。处于几个大陆之间的海，是陆间海，如欧亚非大陆之间的地中海和中美洲的加勒比海。

世界主要的大海接近50个。太平洋最多，大西洋次之，印度洋和北冰洋差不多，南冰洋最少。

　　洋，是海洋的中心部分，是海洋的主体。地球上共有5个大洋，即太平洋、印度洋、大西洋、北冰洋、南冰洋，总面积约占海洋面积的89%。大洋的水深，一般在3千米以上，最深处可达1万多米。大洋离陆地遥远，不受陆地的影响。水温和盐度的变化不大，每个大洋都有自己独特的洋流和潮汐系统，大洋的水色蔚蓝，透明度很大，水中的杂质很少。

　　当然海和洋是相互连通的，形成了一个不可分割的整体，海洋这个词代表着这个整体。 例如，亚洲东部，以日本群岛、琉球群岛、台湾岛和菲律宾群岛一线把洋和海划开，东面为大洋，西面为大海。但是，在美洲西海岸的广阔水域，洋和海之间并没有岛屿和群岛分布，这种情况便根据海底地形来划分，陆架和陆坡所占据的水域为"海"，海以外的水域为"洋"。

　　总之，与陆地相连，海与洋彼此沟通，组成统一的世界海洋。人们常说的海洋，是人们的习惯性称谓，它作为一个统称，其主体是海水，同时还包括海里的生物、临近海面的大气、围绕海洋边缘的海岸以及海底等。

第02章
海洋之最：各大海域与岛屿

　　我们生存的地球上绝大部分都是蓝色的海洋，面积最大的是太平洋，最北部的是北冰洋，港口最多的是大西洋……还有数不清的内海。那么，这些海洋都有什么特点呢？又有什么神奇的故事呢？带着这些疑问，我们来学习本章的内容。

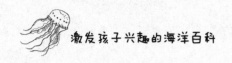

地球第一大洋——太平洋

不知你是否听过这样一句歇后语："太平洋上的警察——管得宽"，这句歇后语本意是嘲笑他人爱管闲事、对他人指手画脚。但也指出了一个事实：太平洋确实很宽。这里的宽，指的是面积最大，太平洋的总面积达到18134.4万平方千米。这就意味着，太平洋覆盖着地球约46%的水面以及约32.5%的总面积，可以容纳4个亚洲、10个南美洲。因此，太平洋也被称为"地球第一大洋"。太平洋跨度从南极大陆海岸延伸至白令海峡，西面为亚洲、大洋洲，东面则为美洲。南北最宽约15900千米，跨越151°纬度，包括属海的面积为18134.423万平方千米。

"太平洋"一词源于16世纪20年代，它的名称首先是航海家麦哲伦和船队队员们首先使用的。

1519年9月20日，航海家麦哲伦率领由270名水手组成的探险队从西班牙出发，然后往西进入大西洋，路上吃尽了苦头，终于皇天不负有心人，他们一行人到达了南美洲最南的一端，然后穿过麦哲伦海峡（这一海峡正是因为航海家麦哲伦而命名），这一海峡更是险恶，到处是狂风巨浪与凶险的暗礁，又经过38天的艰苦奋战，船队到达了麦哲伦海峡的西端，不过，这一番周折下来，他的船队水手已经损失过半，船也只剩下3条了。

3个月后，船队从南美越过关岛，来到菲律宾群岛。不过这段航程让水手们甚为愉悦。因为他们再也没有遇到一次风浪，海面风平浪静，此时的他们已经进入了赤道无风带。饱受了先前滔天巨浪之苦的船员高兴地说："这真是一个太平洋啊！"从此，人们把美洲、亚洲、大洋洲之间的这片大洋称为"太平洋"。

太平洋，北到白令海峡，北纬65°44′，南到南极洲，南纬85°33′，跨纬度151°。东到西经78°08′，西到东经99°10′，跨177个经度。南北长约15900千米，东西最大宽度约19900千米。从南美洲的哥伦比亚海岸至亚洲的马来半岛，东西最长21300千米。包括属海的体积为71441万立方千米，不包括属海的体积69618.9万立方千米。包括属海的平均深度为3939.5米，不包括属海的平均深度为4187.8米，已知最大深度11033米，位于马里亚纳海沟内。北部以宽仅102千米的白令海峡为界，东南部经南美洲的火地岛和南极洲葛兰姆地（Graham Land）之间的德雷克（Drake）海峡与大西洋沟通；西南部与印度洋的分界线为：从苏门答腊岛经爪哇岛至帝汶岛，再经帝汶海至澳大利亚的伦敦德里（Londonderry）角，再从澳大利亚南部经巴斯海峡，由塔斯马尼亚岛直抵南极大陆。

太平洋海盆可划分为3个区：东区、西区和中部。

东区：美洲科迪勒拉（Cordillera）山系从北部阿拉斯加起，向南直抵火地岛，除了最北、最南段峡湾海岸的岛群以及深入大陆的加利福尼亚湾之外，海岸平直，大陆棚狭窄，重要海沟北有阿卡普尔科海沟，南有秘鲁-智利海沟。

西区：亚洲部分结构复杂，海岸曲折，大陆东缘有突出的半岛，岸外有一系列岛弧，形成众多的边缘海。从北向南有白令海、鄂霍次克海、日本海、黄海、东海和南海。岛群外缘有一系列海沟，北有堪察加海沟、千

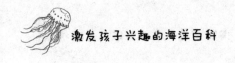

岛海沟、日本海沟，南有东加海沟、克马德克（Kermadec）海沟等。

中部：太平洋中部是面积宽广的海盆，是地壳构造最稳定的地区，海水深度一般在4570米左右。西经150°以东为东太平洋海盆，从中美地峡经科科斯（Cocos）海岭至加拉帕戈斯群岛一线以南是秘鲁-智利海盆和东南太平洋海盆。再向南越过东南太平洋海隆即为太平洋-南极洲海盆。这一海盆与西经150°之间的地区为太平洋-南极洲海岭。西经150°~180°，自东而西有太平洋中央海盆、马里亚纳海盆和菲律宾海盆；在新西兰与东澳大利亚之间为塔斯曼（Tasman）海盆，向南为麦加利（Macquarie）海岭，即太平洋与印度洋之间的水下界线。

了解了太平洋的大致范围，孩子们，你们是否也感叹太平洋之"宽"呢？

最浅的大洋——北冰洋

提到海洋，可能在你看来，海洋一定是深不见底的，如果谁掉入大海中，想必是九死一生。但其实，在五大洋中，有个大洋并不深，平均深度只有1200米左右，这就是北冰洋，它被称为最浅的大洋。

北冰洋，源于希腊语，意为正对大熊星座的海洋。1650年，德国地理学家B.瓦伦纽斯首先把它划成独立的海洋，称为大北洋而后在1845年由伦敦地理学会命名为北冰洋，一则是因为它在五大洋中位置最北，二则是因为该地区气候严寒，洋面上常年覆有冰层，所以人们称它为北冰洋。

那么，北冰洋是如何形成的呢？

海洋地质学家通过长期研究认为：北冰洋的形成，它和北半球劳亚古陆的破裂和解体有着很大关系。洋底的扩张过程，源自古生代晚期，而主要是在新生代实现的。它是以地球北极为中心，通过亚欧板块和北美板块的洋底扩张运动，而产生了北冰洋海盆。北冰洋底所发现的"北冰洋中脊"，即为产生冰洋底地壳的中心线。

由于洋流的运动，北冰洋表面的海冰总在不停地漂移、裂解与融化，北极地区的冰雪总量只接近于南极的1/10，大部分集中在格陵兰岛的大陆性冰盖中，而北冰洋海冰、其他岛屿及周边陆地的永久性冰雪量仅占很小的部分。

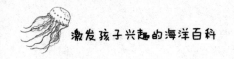

北冰洋面积1450万平方千米，是太平洋的1/14，大西洋的1/7，印度洋的1/6，占世界海洋面积的4.1%。北冰洋平均水深1225米，为太平洋的1/3，最大水深5527米，不及太平洋的1/2。其2/3以上的面积属于大陆的水下边缘，即在北冰洋的周围具有非常宽阔的大陆架。

北冰洋表面的绝大部分终年被海冰覆盖，是地球上唯一的白色海洋。中央北冰洋的海冰已持续存在300万年，属永久性海冰。

北冰洋海岸线十分曲折，形成了许多浅而宽的边缘海及海湾。海岸类型中有侵蚀海岸、峡湾式海岸、三角洲型海岸及泻湖式海岸。在亚洲大陆沿岸的边缘海有巴伦支海、喀拉海、拉普捷夫海、东西伯利亚海以及楚科奇海。北美洲沿岸有波弗特海和格陵兰海。北冰洋岛屿众多，仅次于太平洋而居各大洋第二位。岛屿总面积约为380万平方千米，均属大陆岛，多分布在大陆架上。流入北冰洋的主要河流有鄂毕河、叶尼塞河、勒拿河及马更些河和育空河。

在北冰洋周围之各边缘海，有数不清的冰山，高度虽然比不上南极的冰山，但外形奇异。冰山顺着海流向南漂去，有的从北极海域一直漂到北大西洋。由于漂流路线不固定且有常年不化的冰盖，所以给航行在北大西洋上的船只带来很大的危害。

北冰洋的水平轮廓近乎一半封闭性的地中海，海岸十分曲折破碎。岛屿的数量和面积仅次于太平洋居第二位。世界第一大岛是格陵兰岛（216.63万平方千米），加拿大的北极群岛（130万平方千米）是世界第二大群岛。

北冰洋是深度最浅、大陆架面积宽广的一个大洋，平均水深1225米，最大深度为5527米（斯匹次卑尔根群岛北，低于北纬82°23′、东经19°31′的利特克海沟），水深不足200米的面积约440万平方千米，约占总面积的35.8%，水深超过3000米的面积仅占15%（其中4000米以上的只占2.17%）。

北冰洋海底地貌突出特点就是大陆架非常宽广，特别是亚欧大陆北部最宽，一般400~500千米，最宽处近1700千米（水深50~150米），阿拉斯加以北大陆架较窄，仅20~30千米。这些大陆架大部分原为陆地的一部分，第四纪冰期以后才下沉成浅海。北冰洋海底地貌的另一特点是起伏不平，一系列海岭、海盆、海槽和海沟交错分布。

北冰洋中部有一横贯的海底山岭——罗蒙诺索夫海岭，自新西伯利亚群岛经北极到埃尔斯米尔岛，全长1800千米，宽60~200千米，高出洋底3000米，岭脊距海面约1000米。洋底山地坡度大、陡峭，有火山喷发，系构造断裂褶皱山，山脉由沉积岩和变质岩组成。海岭把整个北冰洋分为两部分，面向北美洲的为加拿大海盆，面向亚欧大陆的为南森海盆，两部分在海流、海水运动方向和水温等方面都有明显的差异。在加拿大海盆以西有一条门捷列夫海岭，长1500千米，相对高度小，坡度平缓。在南森海盆外侧有一北冰洋中央海岭，又称南森海岭、加克利海岭或奥托·斯密特海岭，由几条平行海岭组成，自拉普帖夫海经格陵兰岛北端到冰岛接大西洋海岭。

总之，对北冰洋海底地貌的了解还很不够，但已知大部为冰覆盖的北冰洋不是陆地，不是群岛，也不是一个完整的深海盆。

另外，由于北冰洋几乎被冰雪覆盖、气候极为寒冷，对北冰洋的探索和研究范围有限，直到20世纪30年代以后才陆续在冰上建立漂浮科学站，开展一些较为系统的考察。1937年苏联用冰上飞机在北极登陆并在北冰洋建立了北极1号漂浮科学站。20世纪40年代，美国、加拿大等国从空中进

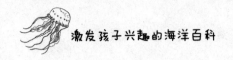
行过20次极冰登陆，并建成8个海洋站和1个科学考察站。国际地球物理年（1957~1958）期间，除飞行活动外，还增加了许多连续观测的漂浮站，并用核动力潜艇考察了冰盖下面的情况，这些都对北冰洋的考察和研究有很大的帮助。

港口最多的大洋——大西洋

相信很多孩子都知道，港口运输在运输行业有着举足轻重的地位，而在海洋中，港口最多的大洋是大西洋。

大西洋港口中不少是世界知名港口，如欧洲的汉堡、鹿特丹、伦敦、利物浦、马赛、热那亚等；非洲的亚历山大、开普敦等；北美洲的纽约、费城、新奥尔良、休斯敦等；南美洲的马拉开波、桑托斯、里约热内卢等。

很多人不知道的是，其实"大西洋"并非翻译名，而是地地道道的本地洋名，中国自明代起，有个约定俗成的地理表述规矩——常习惯以雷州半岛至加里曼丹作为界线，此线以东为东洋，此线以西为西洋。这就是为什么我们称日本人为东洋人，称欧洲人为西洋人的原因。明神宗时，利马窦来华拜见中国皇帝，他用中国的表述习惯说，他是"小西洋（当时中国指印度洋的说法）"以西的"大西洋"人。可见，那时我们已称Atlantic Ocean为"大西洋"了，这一名称到今天为止也未有其他译法。

大西洋英文名称叫Atlantic Ocean，古称OCEAMUS ATLANTICUS，这一名称源于古希腊神话中的大力士神阿特拉斯的名字。传说中，阿特拉斯神对每一个海洋的深度都了如指掌，且能撑起石柱将天地分开，且传说中他就住在大西洋中，最初希腊人以阿拉斯神命名非洲西北部的山地，随后

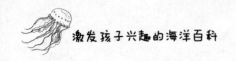

扩大到直布罗陀以外的海洋。此名称在1650年为荷兰地理学家伯思哈德·瓦寺尼（1622~1650）所引用。

　　大西洋被称为地球上第二大洋，位于欧洲、非洲与南、北美洲和南极洲之间。北以冰岛－法罗岛海丘和威维尔－汤姆森海岭与北冰洋分界，南临南极洲并与太平洋、印度洋南部水域相通；西南以通过南美洲最南端合恩角的经线同太平洋分界，东南以通过南非厄加勒斯角的经线同印度洋分界，西部通过南、北美洲之间的巴拿马运河与太平洋沟通，东部经欧洲和非洲之间的直布罗陀海峡通过地中海，以及亚洲和非洲之间的苏伊士运河与印度洋的附属海红海沟通。大西洋的赤道区域，宽度最窄，最短距离仅约2400千米。

　　大西洋的面积，连同其附属海和南大洋部分水域在内（不计岛屿），约9165.5万平方千米，平均深度为3597米，最深处位于波多黎各海沟内为9218米。

　　大西洋东西两侧岸线大体是平行的。南部岸线平直，内海、海湾较少；北部岸线曲折，沿岸岛屿众多，海湾、内海、边缘海较多。岛屿和群岛主要分布于大陆边缘，多为大陆岛。开阔洋面上的岛屿很少。主要的岛屿和群岛有大不列颠岛、爱尔兰岛、冰岛、纽芬兰岛、古巴岛、伊斯帕尼奥拉岛及加勒比海－地中海中的许多群岛，格陵兰岛也有一小部分位于大西洋。在几个大洋中，大西洋入海河流流域面积最广，流域面积达4742.3万平方千米。主要河流有圣劳伦斯河、密西西比河、奥里诺科河、亚马孙河、巴拉那河、刚果河（扎伊尔河）、尼日尔河、卢瓦尔河、莱茵河、易北河以及注入地中海的尼罗河等。

　　根据大西洋的风向、洋流、气温等情况，通常将纬度5°N作为南、北大西洋的分界。大西洋在北半球的陆界比在南半球的陆界长得多，而且海岸蜿蜒曲折，有许多属海和海湾。

大西洋在世界航运中处于极为重要的地位，它西通巴拿马运河连太平洋，东穿直布罗陀海峡、经地中海、苏伊士运河通向印度洋，北连北冰洋，南接南极海域，航路四通八达、十分便利。同时大西洋沿岸几乎都是各大洲最发达的地区、经济水平较高的资本主义国家，贸易、经济交往频繁，是世界环球航运体系中的重要环节和枢纽。

在全世界2000多个港口中，大西洋沿岸占3/5，其中不少是世界知名港口。每天在北大西洋航线上的船只平均有4000多艘，拥有世界2/3的货物周转量和3/5的货物吞吐量，是世界航运最发达的大洋。

有5条主要航线：①欧洲与北美间的北大西洋航线；②欧洲与亚洲、大洋洲间的远东航线；③欧洲与墨西哥湾和加勒比海间的中大西洋航线；④欧洲与南美间的南大西洋航线；⑤从欧洲沿非洲大西洋岸到开普敦的航线。其中北大西洋航线最繁忙，世界商船的1/3以上航行在这条航线上。海运的主要货物是石油和石油制品，其次是铁矿石、谷物、煤炭、铝土及氧化铝等。其中16条是连接西欧与北美间的海底电缆。大西洋的上空是联系西欧、北美、南美和非洲间的交通要道。

最大的内海——加勒比海

在了解这一问题之前，我们先要明白什么是内海。所谓内海，指的是陆地与陆地之间的狭窄海域，一般都拥有两个以上的海峡与公海相接。

世界上最大的内海为美洲的加勒比海。该海位于大、小安的列斯群岛和中美、南美大陆之间，西南以巴拿马运河通太平洋，西北以尤卡坦海峡连墨西哥湾。南北宽805~1287千米，东西长约2735千米，面积为275.4万平方千米。海域平均深2490米，最深处开曼海沟深达7680米。海水终年高温，盛产沙丁鱼、金枪鱼和虾等，海底富藏石油和天然气。地理位置重要，是大西洋和太平洋间以及南北美洲间多条航线的必经之路。

加勒比海大部分位于热带地区，是世界上最大的珊瑚礁集中地之一，以麋角珊瑚居多。同时这片海域的珊瑚礁以健康、活跃、规模庞大而闻名于世。西印度群岛是世界上第二大群岛，岛屿数量仅次于亚洲的马来群岛。其中古巴岛是最大的岛屿，海地岛、波多黎各岛等大陆岛多数属于珊瑚岛，风景秀丽，充满热带风情。

加勒比海以印第安人部族命名，意思是"勇敢者"或是"堂堂正正的人"。有人曾把它和墨西哥湾并称为"美洲地中海"，海洋学上称中美海。南接委内瑞拉、哥伦比亚和巴拿马海岸；西接哥斯达黎加、尼加拉瓜、洪都拉斯、危地马拉、伯利兹和尤卡坦半岛；北接大安的列斯群岛，东接小安的列斯群岛。

由于处在两个大陆之间，西部和南部与中美洲及南美洲相邻，北面和东面以大、小安的列斯群岛为界。其范围定为从尤卡坦半岛的卡托切角起，按顺时针方向，经尤卡坦海峡到古巴岛，再到伊斯帕尼奥拉岛（海地、多米尼加共和国）、波多黎各岛，经阿内加达海峡到小安的列斯群岛，并沿这些群岛的外缘到委内瑞拉的巴亚角的连线为界。尤卡坦海峡峡口的连线是加勒比海与墨西哥湾的分界线。

加勒比海地区一般属热带气候。但因受高山、海流和信风影响，各地有所不同。多米尼克部分地区年平均雨量高达889厘米，而委内瑞拉沿海博奈尔（Bonaile）岛只有25厘米。每年6~9月，时速达120千米的热带风暴（飓风）在北部和墨西哥湾比较常见，南部则极为罕见。海底可分成5个椭圆形海盆，彼此之间为海脊和海隆所分隔。自西往东依次为尤卡坦、开曼、哥伦比亚、委内瑞拉和格瑞纳达海盆。

北大西洋深层水从向风水道下面进入加勒比海，含氧量为6mL/L，盐度为35‰。委内瑞拉海盆1800~3000米深处形成高氧水层。由于海底山脊的阻隔，来自南极的底层水不能进入，加勒比海底温接近4℃，而大西洋底温则不到2℃。表层海流主要通过南部安的列斯诸岛之间的水道和海峡进入加勒比海，然后在信风的推动下越过狭窄的尤卡坦海峡进入墨西哥湾。这些风力驱动的表层海水堆积在尤卡坦海盆和墨西哥湾，导致那里的海平面高于大西洋面，形成静水头，一般认为这就是墨西哥湾流的主要动力来源。

中、南美洲的锯齿形弯曲岸线，把本海区分成几个主要水域：危地马拉和洪都拉斯沿岸外方的洪都拉斯湾、巴拿马近岸的莫斯基托湾、巴拿马科隆附近的巴拿马运河、巴拿马和哥伦比亚边境的达连湾、委内瑞拉北

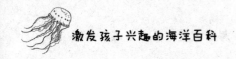

部马拉开波湖口外的委内瑞拉湾以及委内瑞拉和特立尼达岛之间的帕里亚湾。

　　加勒比海这一神秘的海域因为位于北美洲东南部，那里碧海蓝天，阳光明媚，海面水晶般清澈。17世纪的时候，这里更是欧洲大陆的商旅舰队到达美洲的必经之地，所以，当时的海盗活动非常猖獗，正是因为这一点，相关影视作品中经常有加勒比海盗这一元素的出现。

世界最长的海峡——莫桑比克海峡

在了解这一问题之前，我们先要明白海峡的定义。海峡是指两个水域之间的狭窄水上通道。它不但是海上交通要道、航运枢纽，而且历来是兵家必争之地，人称海上交通"咽喉"，其中有的沟通两海（如台湾海峡沟通东海与南海），有的沟通两洋（如麦哲伦海峡沟通大西洋与太平洋），有的沟通海和洋（如直布罗陀海峡沟通地中海与大西洋）。全世界有上千个海峡，其中著名的约50个。而最长的海峡就是位于非洲东南莫桑比克与马达加斯加之间的深水海峡——莫桑比克海峡。

据地质学家研究，约在1亿年以前，马达加斯加岛是和非洲大陆连在一起的。莫桑比克海峡后来在东非地壳运动时发生断裂并与非洲大陆分离，岛的西部下沉，形成巨大的地堑海峡，才形成了这条又长又宽的海峡。

莫桑比克海峡全长1670千米，呈东北斜向西南走向。海峡两端宽中间窄，平均宽度为450千米，北端最宽处达到960千米，中部最窄处为386千米。峡内大部分水深在2000米以上，在北端与南端超过3000米，中部约2400米，最大深度超过3500米，深度仅次于德雷克海峡和巴士海峡。峡内海水表面年平均温度在20℃以上，炎热多雨，夏季时有因气流交汇而产生的飓风。由于水深海阔，巨型轮船可终年通航。海峡盛产龙虾、对虾和海参，并以其肉质鲜嫩肥美而享誉世界市场。莫桑比克暖流南下，气候湿

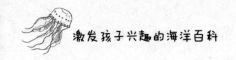

热，多珊瑚礁。赞比西河从西岸注入。南大西洋同印度洋间航运要道，两岸有马普托、贝拉、马哈赞加等港口。

桑比克海峡是从南大西洋到印度洋的海上交通要道，波斯湾的石油有很大一部分要通过这里运往欧洲、北美，战略地位十分重要。特别是苏伊士运河开凿之前，它更是欧洲大陆经大西洋、好望角、印度洋到东方去的必经之路。

早在10世纪以前，阿拉伯人就经过莫桑比克海峡，来到莫桑比克地区建立据点进行贸易。苏伊士运河开凿，一些巨型油轮不能通过苏伊士运河，而莫桑比克海峡既宽又深，所以能通过巨型油轮。从波斯湾驶往西欧、南欧和北美的超级油轮，都是通过这条海峡，再经好望角驶往各地，因此它是南大西洋和印度洋之间的航运要道。

世界最大的海——珊瑚海

孩子们，你们知道世界上最大的海吗？它就是珊瑚海，又称所罗门海，因第二次世界大战的美日珊瑚海海战而闻名世界。

珊瑚海介于伊里安岛和所罗门群岛之间的一部分海域，它是太平洋的一个边缘海。它的西部紧靠澳大利亚大陆东北岸；北缘和东缘被伊里安岛、新不列颠岛、所罗门群岛、新赫布里底群岛等所包围；南部大致以南纬30°线与太平洋另边缘海塔斯曼海邻接。海域总面积达479.1万平方千米，比世界上第二个大海阿拉伯海要大1/4。

珊瑚海平均水深为2394米。在各海中不算突出，但因其面积大，所以海水总体积达1147万立方千米，比阿拉伯海多9%，约相当于我国东海的40倍。

珊瑚海不仅以大著称，还以海中发达的珊瑚礁构造体而闻名于世。礁体的"建筑师"珊瑚虫是一种水螅型的动物，呈圆筒状单体或树枝状群体，靠捕捉浮游生物和海藻为生。珊瑚外层能分泌石灰质骨骼，其死后的遗骸便成为礁体。

珊瑚海是一个典型的热带海，终年受南赤道暖流的影响。最热为1月，表层平均水温可达28℃，7月也有23℃，海水的含盐度和透明度很高，水呈深蓝色。在大陆架和浅滩上，或以岛屿和接近海面的海底山脉为基底，发

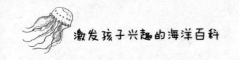

育了庞大的珊瑚群体。一个个色彩斑驳的珊瑚岛礁，点缀在辽阔澄碧的海面上，构成一派绮丽的热带风光。

珊瑚海海水十分洁净，在暖流的影响下，大陆架区水温增高，这些都有利于珊瑚虫生长。珊瑚堡礁以位于澳大利亚东北岸外16~241千米处的大堡礁为最大，长达2400千米；其次是位于巴布亚新几内亚东南岸和路易西亚德群岛一带的塔古拉堡礁；最后是从新喀里多尼亚岛向北延伸到当特尔卡斯托礁脉的新喀里多尼亚堡礁。珊瑚礁为海洋动植物提供了优越的生活和栖息条件。珊瑚海中盛产鲨鱼，还产鲱鱼、海龟、海参、珍珠贝等。

世界有名的大堡礁就分布在这个海区，它如同一座堡垒一样，从托雷斯海峡到南回归线之南不远，南北绵延伸展2400千米，东西宽2~150千米，总面积8万平方千米，为世界上规模最大的珊瑚体，大部分隐没水下成为暗礁，只有少部分顶部露出水面成珊瑚岛，在交通上是个障碍。

孩子们，如此美丽的珊瑚海，你是否也想去一睹风采呢？

最热且最咸的海——红海

孩子们，在你的印象中，海水是否都是蓝色的呢？其实，也有蓝绿色的海，而它的名字不是蓝海或者绿海，而是红海。即使你不会游泳，掉在红海里，也可以躺在水面上不会沉下去。这是因为红海的含盐度高达41‰~42‰，深海海底个别地方甚至在270‰以上，这几乎达到饱和溶液的浓度，是海水平均含盐度（35‰）的8倍左右，居世界之首。所以，它是世界上最咸的海。

另外，红海受副高和信风带控制，形成热带沙漠气候，蒸发量大，降水稀少，终年高温，所以它也是最热的海。

红海位于非洲东北部与阿拉伯半岛之间，形状狭长，从西北到东南长1900千米以上，最大宽度306千米，面积45万平方千米。红海北端分叉成两个小海湾，西为苏伊士湾，并通过贯穿苏伊士地峡的苏伊士运河与地中海相连；东为亚喀巴湾。南部通过曼德海峡与亚丁湾、印度洋相连，是连接地中海和阿拉伯海的重要通道，也是一条重要的石油运输通道，具有战略价值。

红海是印度洋的陆间海，实际是东非大裂谷的北部延伸。从海底扩张和板块构造理论来讲，认为红海和亚丁湾是海洋的雏形。据研究，红海底部确属海洋性的硅镁层岩石，在海底轴部也有如大洋中脊的水平错断的长

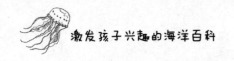

裂缝，并被破裂带连接起来。

苏伊士运河连接苏伊士湾和北面的地中海，使红海成为欧洲、亚洲间的交通航道。红海的中央部分的海底地形十分崎岖，海槽复杂多变，海岸线参差不一，整个红海平均深度558米，最大深度2514米。红海受东西两侧热带沙漠夹峙，常年空气闷热，尘埃弥漫，明朗的日子较少。红海降水量少，蒸发量却很高，盐度为40.1‰，夏季表层水温超过30℃，是世界上水温和含盐量最高的海域。

8月表层水温平均27~32℃。海水多呈蓝绿色，局部地区因红色海藻生长茂盛而呈红棕色，红海一称即源于此。年蒸发量为2000毫米，远远超过降水量，两岸无常年河流注入。

海底为含有铁、锌、铜、铅，银、金的软泥。自古为交通要道，但因沿岸多岩岛与珊瑚礁，曼德海峡狭窄且多风暴，故航行不便。红海两岸陡峭壁立，岸滨多珊瑚礁，天然良港较少。北纬16°以南，因珊瑚礁海岸的大面积增长，使可以通航的航道十分狭窄，某些港口设施受到阻碍。在曼德海峡，要靠爆破和挖泥两种方式来打开航道。

红海地区发现有5种主要类型的矿藏资源：石油沉积、蒸发沉积物（由于升华沉淀作用而形成的沉积物，如岩盐、钾盐、石膏、白云岩）、硫磺、磷酸盐及重金属沉积物，均在主要深海槽底部的淤泥中。

红海的海滩是大自然精美的馈赠，清澈碧蓝的海水下面，生长着五颜六色的珊瑚和稀有的海洋生物。远处层林叠染，连绵的山峦与海岸遥相呼应，之间是适宜露营的宽阔平原，这些鬼斧神工的自然景观和冬夏都非常宜人的气候共同组成了美轮美奂的风景画。

孩子们，如果你和家人一起去红海旅游观光，那么潜水、垂钓、海上观光等亲水活动是一定要参加的。红海沿岸浪柔沙软，波澜不惊，是开展水上休闲运动的绝佳场所。

　　到赫尔格达、沙姆沙伊赫等红海沿岸城市旅游的最佳时节是每年的10月到次年的5月，此时是最适合到红海潜水的时节，天气凉爽，海水能见度高，水温适宜潜水，其他时间风浪较大且水较冷，潜水时需要穿更厚一些的潜水服。

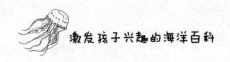

最淡的海——波罗的海

前面，我们说红海是世界上最咸的海，那么，世界上最淡的海呢？

波罗的海是世界上最淡的海，波罗的海地处欧洲，地质学家曾做过测试调查后称，位于波罗的海北部的某些海域测到的海水盐度只有2‰，东部某些海域也是如此，几乎和淡水没有什么区别。

那么，是什么原因造成波罗的海盐度这么低呢？

首先是因为波罗的海的形成时间还不长，这里在冰河时期结束时还是一片被冰水淹没的汪洋，后来冰川向北退去，留下的最低洼的谷地就形成了波罗的海，水质本来就较好；其次是波罗的海海区闭塞，与外海的通道又浅又窄，盐度高的海水不易进入；再次是波罗的海纬度较高，气温低，蒸发微弱；最后是这里又受西风带的影响，气候湿润，雨水较多，四周有维斯瓦河、奥得河、涅曼河、西德维纳河和涅瓦河等大小250条河流注入，年平均河川径流量为437立方千米，使波罗的海的淡水集水面积约为其本身集水面积的4倍。因此波罗的海的海水就很淡了。

波罗的海是欧洲北部的内海、北冰洋的边缘海、大西洋的属海。世界最大的半咸水水域。在斯堪的那维亚半岛与欧洲大陆之间。从北纬54°起向东北展伸，到近北极圈的地方为止。长1600多千米，平均宽度190千米，面积42万平方千米。波罗的海位于北纬54°~65.5°的东北欧，呈三盆形，西以斯卡格拉克海峡、厄勒海峡、卡特加特海峡、大贝尔特海峡、小贝尔特海峡、里加海峡等海峡和北海以及大西洋相通。

波罗的海四面几乎均为陆地环抱，整个海面介于瑞典、俄罗斯、丹麦、德国、波兰、芬兰、爱沙尼亚、拉脱维亚、立陶宛9个国家之间。向东伸入芬兰和爱沙尼亚、俄罗斯之间的称芬兰湾，向北伸入芬兰与瑞典之间的称波的尼亚湾。

波罗的海曾是古代北欧商业的通道。第二次世界大战后，木材和鱼是这个地区的主要商品。芬兰、瑞典和俄罗斯的软木是出口的大宗货源；木材加工（如造纸、制纤维和纤维板）在经济上日益重要。瑞典的铁矿、芬兰和丹麦的造船和船舶机械、瑞典哥特堡（Goteborg）的汽车制造和轻型机械，都是沿岸重要工业。沿岸大城市有哥本哈根、斯德哥尔摩、赫尔辛基、列宁格勒、塔林（Tallinn）、里加（Riga）、基尔（Kiel）、格但斯克（Gdansk）和什切青（Szczecin）。主要海产有鲽鱼、鳕鱼和鲱鱼。熏制或腌制的鲱鱼是重要的传统外销产品。丹麦法尔斯特（Falster）岛外出产牡蛎、小龙虾和对虾。

波罗的海是北欧重要航道，也是俄罗斯与欧洲贸易的重要通道，是沿岸国家之间以及通往北海和北大西洋的重要水域，从彼得大帝时期起，波罗的海就是俄罗斯通往欧洲的重要出口。俄罗斯与伊朗、印度等国合作酝酿连接印度洋和西欧的"南北走廊"规划也是以波罗的海为北部终点。

自20世纪90年代初以来，航行在波罗的海上的轮船急剧增多。近年来，每年航行在波罗的海主航道的轮船已超过4万艘。波罗的海有轮渡连通沿岸国家的各大港口，并通过白海–波罗的海运河与白海相通，通过列宁伏尔加河–波罗的海水路与伏尔加河相联。

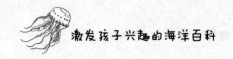

　　波罗的海的重要海港有圣彼得堡、加里宁格勒（俄罗斯）、赫尔辛基（芬兰）、斯德哥尔摩（瑞典）、哥本哈根（丹麦）、罗斯托克（德国）、格但斯克（波兰）等。

最清澈的海——马尾藻海

孩子们，如果你想和家人一起去一片清澈的海域玩耍，那么，马尾藻海一定不会让你失望，因为它被称为世界上最清澈的海。

马尾藻海（Sargasso Sea）又称萨加索海（葡语葡萄果的意思），是大西洋中一个没有岸的"海"，大致在北纬20°~35°、西经35°~70°，覆盖500万~600万平方千米的水域。马尾藻海围绕着百慕大群岛，与大陆毫无瓜葛，所以它名虽为"海"，但实际上并不是严格意义上的海，只能说是大西洋中一个特殊的水域。

马尾藻海上大量漂浮的植物马尾藻属于褐藻门、马尾藻科，是最大型的藻类，是唯一能在开阔水域上自主生长的藻类。这种植物并不生长在海岸岩石及附近地区，而是以大"木筏"的形式漂浮在大洋中，直接在海水中摄取养分，并通过分裂成片再继续以独立生长的方式蔓延开来。

据调查，这一海域中共有8种马尾藻，其中有两种数量占绝对优势。以马尾藻为主，以及几十种以海藻为宿主的水生生物又形成了独特的马尾藻生物群落。马尾藻海的海水盐度和温度比较高，原因是远离大陆而且多处于副热带高气压带之下，少雨而蒸发强；水温偏高则是因为暖洋流的影响，著名的湾流经马尾藻海北部向东推进，北赤道暖流则经马尾藻海南部向西部流去。上述海流的运动又使得马尾藻海水流缓慢地作顺时针方向

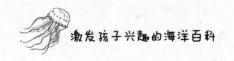

转动。

马尾藻海最明显的特征是透明度大。马尾藻海远离江河河口，浮游生物很少，海水碧青湛蓝，透明度深达66.5米，个别海区可达72米。一般来说，热带海域的海水透明度较高，达50米，而马尾藻海的透明度达66米。因此，马尾藻是世界上海水透明度最高的海。

那么，马尾藻海为什么如此清澈呢？

因为马尾藻海最大的特点是各水层之间的海水基本上不混合，真正的"井水不犯河水"。正因如此，马尾藻海的营养物质很难得到更新，这意味着海洋生物很难在马尾藻海寻找到食物。这么说吧，马尾藻海是一片死亡之海，很难看到有生命迹象。鲸鱼鲨鱼，海龟乌贼，在这里连个影儿也找不着。当然也有生命力顽强的海洋生物可以在这里生存，例如，有一种叫演员鱼的鱼类。演员鱼身上的纹路就像是披着一层海藻，远望就像一只大海龟。不过，死亡气息浓郁的马尾藻海，在外观上，反而给人一种生机勃勃的印象。为什么呢？马尾藻海整体呈草绿色，远远望去，就像一片万马奔腾的大草原。有人给马尾藻海起了一个非常浪漫的名字——海之绿野。

还真有人上过当，他就是大名鼎鼎的哥伦布。

在大西洋上航行了多日的哥伦布探险队，1492年9月16日，忽然望见前面有一片大"草原"。眼看要寻找的陆地就在前方，哥伦布欣喜地命令船队加速前航。然而，驶近"草原"以后却令人大失所望，哪里有陆地的影子，原来是长满海藻的一片汪洋。奇怪的是，这里风平浪静，死水一潭，哥伦布凭着自己多年的航海经验，感到面前的危险处境，亲自上阵开辟航道，经过3个星期的拼搏，才逃出这可怕的"草原"。哥伦布把这片奇怪的大海叫作萨加索海，意思是海藻海。

这就是大西洋没有海岸的马尾藻海，马尾藻海不仅有"草原风光"，还有许多奇特的自然现象。

大西洋是世界各大洋中最咸的大洋，此海又是大西洋中最咸的海区。这里海水的盐分很高，海水深蓝透明，像水晶一样清澈，而浮游生物远少于其他海区。

这里的海平面要比美国大西洋沿岸高出1.2米，可是，这里的水却流不出去。最令人不解的是，这个"草原"还会"变魔术"：它时隐时现，有时郁郁葱葱的水草突然消失，有时又鬼使神差地布满海面。表面恬静文雅的"草原"海域，实际上是一个可怕的陷阱，充满奇闻的百慕大"魔鬼三角区"全部在这里，经常有飞机和海船在这里神秘失踪。

孩子们，看完马尾藻海的一些故事，你是否也对这片神秘的海域充满兴趣呢？

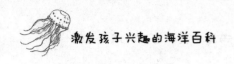

最脏的海——地中海

孩子们，在了解了最清澈的海之后，你可能会问，有没有最脏的海呢？答案是肯定的，世界最脏的海就是地中海。每年倒入地中海的废水达35亿立方米，固体垃圾1.3亿吨。最为严重的是邻海18个国家58个石油港口装卸石油时给海水带来了严重的石油污染。

最早犹太人和古希腊人简称为"海"或"大海"。因古代人们仅知此海位于三大洲之间，故称为"地中海"。英、法、西、葡、意等对其的拼写来自拉丁Mare Mediterraneum，其中"medi"意为"在……之间"，"terra"意为"陆地"，全名意为"陆地中间之海"。该名称始见于3世纪的古籍。7世纪时，西班牙作家伊西尔首次将地中海作为地理名称。

地中海是欧洲、非洲和亚洲大陆之间的一块海域，由北面的欧洲大陆、南面的非洲大陆和东面的亚洲大陆包围着，西面通过直布罗陀海峡与大西洋相连，东西共长约4000千米，南北最宽处约为1800千米，面积（包括马尔马拉海，但不包括黑海）约为251.2万平方千米，是世界最大的陆间海。

地中海以亚平宁半岛、西西里岛和突尼斯之间的突尼斯海峡为界，分东、西两部分，地中海平均深度1450米，有记录的最深点是希腊南面的爱奥尼亚海盆，为海平面下5121米，地中海盐度较高，最高达39.5‰，地中海是世界上最古老的海之一，历史比大西洋还要古老，地中海沿岸还是古代文明的发祥地之一，这里有古埃及的灿烂文化，有古巴比伦王国和波斯帝国的兴盛，更有欧洲文明的发源地（爱琴文明、古希腊文明以及公元世纪时地跨亚、欧、非三洲的古罗马帝国）。

由于地中海是一个最大的陆间海，冬暖多雨，闷热干燥，海水温度较高，蒸发作用非常旺盛，使海水含盐度高达39‰左右，因此盐业生产成了沿岸各国的一项重要经济活动。这里的蒸发量大大超过降水量和河水的补给量，据计算，一年之内，蒸发可使海面降低1.5米，如果封闭直布罗陀海峡，地中海将在3000年左右干涸。

但是，地中海依然存在，这是因为它有特殊的水体交换的缘故。由于海水温差的作用和与大西洋海水所含盐度的不同，使地中海和大西洋的海水可发生有规律的交换。含盐分较低的大西洋海水，从直布罗陀海峡表层流入地中海，增补被蒸发去的水分，含盐分高的地中海海水下沉，从直布罗陀海峡下层流入大西洋，形成了海水的环流。但由于地中海四周几乎是陆地的地理环境，造成了这种环流的严重障碍，海洋生物赖以生存的氧气和养料的混合被严重阻隔，成为地中海的生物比其他靠大陆海区的生物要稀少的主要原因。

地中海作为陆间海，比较平静，加之沿岸海岸线曲折、岛屿众多，拥有许多天然良好的港口，成为沟通3个大陆的交通要道。这样的条件，使地中海从古代开始海上贸易就很繁盛，还曾对古埃及文明、古巴比伦文明、古希腊文明的兴起与更替起过重要作用，成为古代古埃及文明、古希腊文明、罗马帝国等的摇篮。现在它也是世界海上交通的重要地点之一。著名的航海家如哥伦布、达·伽马、麦哲伦等，都出自地中海沿岸的国家。

第03章
海洋气候与生态

相信不少孩子都知道,海洋占地球表面的2/3,是地球气候的巨大调节器,而海洋气候与大陆气候有显著不同。两者相比较,海洋气候全年气温变化和缓,夏、秋季较迟,春温低于秋温,冬暖夏凉,气温的年较差和日较差都小,最高和最低月平均气温的出现月份,均比陆上落后。蒸发强,云、雾和降水较多,全年雨量分配均匀。了解海洋气候与生态,对于我们根据气候来安排生产和生活、认识和保护海洋生态与资源有重要的意义。

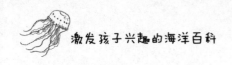

什么是海洋气候

生存于陆地上的我们，能感受到各种各样的气候和天气，陆地上的气候一般因为纬度位置（阳光直射与斜射）、海陆位置（季风）和地形地势而形成，各个地方气候类型是不一样的。其实，海洋上也有各种各样的气候。那么，什么是海洋气候呢？

海洋气候指的是海洋上多年天气和大气活动的综合状况。影响海洋气候的主要因素是太阳辐射、海洋环境和大气环流。太阳辐射是海水和大气增温的主要能源，是大气中许多物理过程的基本动力。

海洋气候研究为航海、海洋资源开发和利用、港口建设以及气候预测服务。受海洋影响显著的大陆边缘区的气候称海洋性气候。

接下来，我们分别来看看五大洋的气候特点：

1.太平洋的气候

太平洋由于面积广阔，水体均匀，气候有利于行星风系的形成，特别是南太平洋更为突出。北太平洋情况不同，东西两岸差异悬殊，以俄罗斯东海岸的严冬和加拿大的不列颠哥伦比亚省温和的冬季对比最为鲜明。信风带位于东太平洋南北纬30°~40°的副热带高压中心和赤道无风带之间。

中纬度地区、西风带和极地东风带辐合形成副极地低压带。两个风带气温、湿度相差悬殊，极地东风带锋面甚为猛烈，冬季尤为突出。西太平洋（北纬5°~25°）菲律宾以东、南海和东海洋面上，夏秋之间，在高温、高湿条件下产生超低压中心，形成猛烈的热带风暴，即台风。

夏季亚洲大陆为低气压，北太平洋气流向大陆运动，冬季情况则完全相反，形成广大的季风气候区。北太平洋的海水温度比南太平洋高，这是因为南太平洋水域更广阔，并受南极地区冰山及冷水团的影响。信风带的海水含盐度比赤道地带低。赤道附近含盐度小于34‰；最北部海域含盐度最低，小于32‰。太平洋的洋流在信风影响下自东向西运动，形成南、北赤道暖流。

南、北赤道暖流之间的中轴线上产生相反的赤道逆流，从菲律宾东岸流向厄瓜多尔西岸。北赤道暖流在菲律宾附近转向北流向日本东面，为著名的黑潮；北赤道暖流的支流经对马海峡进入日本海，称对马暖流。黑潮在东经160°附近转向东流，称北太平洋暖流。北太平洋暖流向东运动，到北美洲西海岸转向南流，称加利福尼亚寒流，这样就形成了北太平洋环流。此外，白令海海流向南流，称为堪察加寒流，又称亲潮，流向日本本州岛东面，在北纬36°附近与黑潮相遇。南赤道暖流抵所罗门群岛之后，向南流成为东澳暖流，折向东卷入西风漂流，至南美洲西面、南纬45°附近分为两支，一支向东经德雷克海峡进入大西洋；另一支折向北流，即秘鲁寒流，这样便形成了南太平洋环流。

2.大西洋的气候

大西洋南北延伸、赤道横贯中部，气候南北对称和气候带齐全是明显特征。同时受洋流、大气环流、海陆轮廓等因素影响，各海区间气候又有差别。大西洋赤道带是低气压带，又是南北信风的复合带，风力微弱、风向不定，称无风带。同时上升气流强盛、多对流性云系降水，年降水量多达2000毫米，为大西洋中的多雨带。副热带是高压带，气流以下沉辐散为主，云雨稀少，天气晴朗，蒸发旺盛。一般降水量500~1000毫米，高压中心（大洋东部亚速尔群岛附近）海域年降水量只有100~250毫米，大大少于蒸发量，成为大西洋中的干燥带。从副热带高压带下沉流向赤道低压带的气流称信风带，北半球为东北信风，南半球为东南信风。信风风向稳定、风力较大（3~4级），成为大西洋中重要风带，并且是大洋表层洋流形成和维持的动力。从副热带高压下沉流向副极地低压带的气流，称盛行西风带，是中高纬度强大的行星风带，也是南北纬40°~60°西风漂流形成的动力。西风带还经常同来自极地的冷空气相汇，形成锋面和气旋，产生多变天气和较多降水，尤其冬季常常带来暴风雪，给高纬海区造成狂风巨浪，严重影响航运和海上渔业、石油工业生产。

3.印度洋的气候

具有明显的热带海洋性和季风性特征。印度洋大部分位于热带、亚热带范围内，南纬40°以北的广大海域，全年平均气温为15~28℃；赤道地带全年气温为28℃，有的海域高达30℃，比同纬度的太平洋和大西洋海域的气温高，故被称为热带海洋。

印度洋气温的分布随纬度改变而变化。赤道地区全年平均气温约28℃。在印度洋北部，夏季气温为25~27℃，冬季气温为22~23℃，全年平均气温25℃左右，其中阿拉伯半岛东西两侧的波斯湾和红海一带，夏季气温常达30℃以上，而索马里沿岸一带的气温最热季节一般不到25℃，前者与受周围干热陆地的烘烤有关，后者乃西南风吹走表层海水，使深层冷水上泛，降低气温的结果。

4.北冰洋的气候

北冰洋位于北极圈内，终年获得的太阳辐射热很少。在其上空，由于冬季是稳定的高压区，云量很少，再加上洋面广布着冰盖，使其成为世界最冷的大洋。气温终年很低，并多暴风雪。寒季（11~翌年4月）平均气温在-30~-40℃，最低达-59℃；暖季（7~8月）平均气温不足6℃。平均年降水量仅75~200毫米，以降雪为主。故北冰洋水文的最大特点是水温低，大部分海域海水在0℃以下，因而有大面积的常年不化的冰盖和浮冰。

5.南冰洋的气候

洋区陆地少，气温水平差异小，等温线平直，几乎与纬线平行，气压场与风场接近行星风系。洋区大气运动的主要特征是强劲而稳定的纬向环流。除西北至东南向移动的过境低压外，海洋上空没有闭合的低压区或高压区。在副热带高压带与南极反气旋之间有一绕极低压槽，其轴线位于南纬60°~70°，所以大部分温带范围内，气压梯度都指向南方，直至南纬60°以南，气压才开始向极地增加。气压梯度力与地球自转偏向力的作用，使南大洋洋面上终年盛行西风。

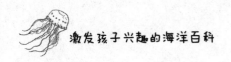

海洋性气候——不利于农业的发展

生活中，接触过地理知识的孩子，相信都听说过海洋性气候，海洋性气候指海洋邻近区域的气候，如海岛或盛行风来自海洋的大陆部分地区的气候。

海洋性气候是地球上最基本的气候型。总的特点是受大陆影响小，受海洋影响大。在海洋性气候条件下，气温的年、日变化都比较缓和，年较差和日较差都比大陆性气候小。春季气温低于秋季气温。全年最高、最低气温出现时间比大陆性气候的时间晚，最热月在8月，最冷月在2月。

由于海洋巨大水体作用所形成的气候，包括海洋面或岛屿以及盛行气流来自海洋的大陆近海部分的气候。海洋气候有以下特点：

①气温年在年变化与日变化上都很小，甚至居于海洋洋面上，根本看不到日气温变化，年变化无论是最高气温还是最低气温，都比陆地上要推迟一个月。

②海洋降水量分布比较均匀，降水日数多，但强度小。云雾频数多，湿度高。

③在热带海洋多风暴，如北太平洋西南部分与中国南海是台风生成和影响强烈的地区。热带风暴（包括台风）是一种十分严重的气象灾害。

④多云雾天气，湿度大。多数临近海洋的大陆地区都具有海洋性气候

特征，西欧沿海地区是大陆上典型的海洋性气候区。

在海洋性气候条件下，气候终年潮湿，年平均降水量比大陆性气候多，而且季节分配比较均匀。降水量比较稳定，年与年之间变化不大。四季湿度都很大，多云雾，天气阴沉，难得晴天，少见阳光。海洋性气候的特点是夏日凉爽，冬天不冷，日温差小，所以那里是消暑的好地方。大陆性气候，气候干燥，冬冷夏热，气温的年、日较差都比较大。

大陆性气候夏日炎热不同的气候，主要取决于地表面性质的不同。海洋和陆地的物理性质有很大差异，在同样的太阳辐射下，它们增温和散热的情况大不相同。海水吸收热量的本领要比陆地强得多，辐射到海洋上的太阳热量很少被反射回去，大部分被海水吸收，并通过海水的波动，把热量贮存在海洋内部。这样，即使在烈日炎炎的夏季，海洋里的温度也不会骤然升高。与同纬度的陆地相比，海洋里温度的变化要小得多。到了冬季，虽然太阳辐射减少了，但海洋里所贮存的大量热量开始稳定地释放出来，于是，海洋及其附近地域的温度比同纬度的其他陆地地区要高。因此，海洋犹如一个巨大的温度自动调节器，使附近地区的气温形成了冬暖夏凉的特点。

在远离海洋的大陆腹地，由于得不到海洋的调节，气温的年、日较差要比沿海地区大得多。

在我国台湾海峡中的平潭岛，年平均气温日较差4.9℃，比大陆上的福建永安小5.5℃之多。我国西部内陆的许多地方，气温日较差一般都在20~25℃，而在吐鲁番盆地，气温日较差则达50℃。此外，在气温的年际变化方面，沿海地区和内陆地区也有较大差别。我国南海诸岛全年最热月份的平均气温只有28~29℃，而处于内陆的重庆、长沙、南昌等都高达34℃

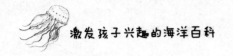

以上。

海洋性气候气温变化和缓,春天姗姗来迟,夏天消退也较慢,春天的气温一般低于秋季的气温。相反,大陆性气候气温变化剧烈,春来早,夏去也早,春温高于秋温。受海洋气团和暖湿气流的影响,海洋性气候年降水量多,一年中降水的季节分配比较均匀,且冬季降水较多;大陆性气候年降水量少,一年中降水的季节分配不均匀,且以夏季降水为最多。

由于海陆分布对气候形成的巨大作用,使得在同一纬度带内,在海洋条件下和在大陆条件下的气候具有显著差异。前者称为海洋性气候,后者称为大陆性气候。区别海洋性气候与大陆性气候的指标有很多,主要表现在气温和降水两方面。

温和、多云、湿润的海洋性气候,虽然可以给人们以舒适的感觉,但这种气候对植物生长并不利。19世纪末就有人发现,在欧洲的海洋性气候条件下生长的小麦,蛋白质含量小,至多只有4%~8%。随着深入大陆,到俄罗斯等欧洲国家,小麦的蛋白质含量增高达9%~12%,在比较干燥炎热的地区,小麦的蛋白质含量增高到18%,甚至在20%以上。

科学家证明:一个地区的气候大陆性越强,小麦的蛋白质含量也就越高。在气候温凉潮湿的地方,小麦的淀粉含量增加,而蛋白质含量却降低。人们为了补充蛋白质的不足,只好借助于肉类,但是又带来脂肪过多的缺点。

可见,海洋性气候对农业并不是很有利。其实在海洋性气候条件下生活,气候虽然温和,但是阴沉多雨的天气,并不利于人类精神和情绪的发展。

热带海洋性气候——暖热湿润

　　在海洋的气候类型中，热带海洋气候是一种常见类型。热带海洋性气候，出现在南、北纬10°~25°信风带大陆东岸及热带海洋中的若干岛屿上。如中美洲的加勒比海沿岸、西印度群岛、南美洲巴西高原东侧沿海的狭长地带、非洲马达加斯加岛的东岸、太平洋中的夏威夷群岛和澳大利亚昆士兰沿海地带。这些地区常年受来自热带海洋的信风影响，终年盛行热带海洋气团，具有海洋性气候的特点。气温年、日较差都小，但最冷月平均气温比赤道稍低，年较差比赤道多雨气候稍大，年降水量一般在2000毫米以上，季节分配比较均匀。

　　那么，热带海洋性气候是怎么形成的呢？

　　这主要是因为位于信风带的迎风坡，终年盛行热带海洋气团，东岸常有暖流流经，海洋性显著。陆地面积较小，海陆热力性质差异不显著，所以相对热带季风气候区，热带季风现象较少。

　　太平洋岛屿绝大部分位于南北回归线之间，属赤道多雨气候和热带海洋性气候。由于各岛面积都比较小，可以充分得到海洋的调节，虽属热带气候，但气温并不太高。

　　一般说来，太平洋岛屿的年均温在26~28℃。除个别岛屿外，年均温很少有超过29℃或低于24℃的时候。赤道地带的年较差不超过1℃，在纬度

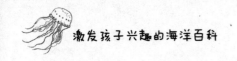

较高的地方，如新喀里多尼亚超过5℃，仅太平洋西北部地带，因受季风影响，有超过10℃的。

太平洋各岛屿的降水差别很大，因纬度、地形和风的向背而有所不同。一般来讲，各岛年降水量在1000毫米以上，在迎风山坡可达2000~4000毫米，甚或6000毫米。年平均降水量最高记录在夏威夷群岛的考爱岛的怀厄莱阿莱，高达12244毫米，居世界第一位。岛屿的背风坡年降水量少于1000毫米。太平洋岛屿的降水类型多为对流雨和锋面雨，较高岛屿还有大量地形雨。

太平洋岛屿大多数地区属赤道多雨气候和热带海洋性气候，但在靠近亚洲和澳大利亚大陆地区，还受季风影响。在波利尼西亚的中部和密克罗尼西亚的加罗林群岛附近是台风主要源地，台风所经之处常使各岛上的建筑遭受严重破坏。

太平洋岛屿的气候暖热湿润，除部分珊瑚岛外，植物都比较繁茂。热带雨林广布美拉尼西亚，以棕榈科植物和树状羊齿类植物为主。降水少或有干季的地方森林被草原代替。在河谷和海滨有沼泽，在潮汐涨落的地区遍布红树林。在低平的珊瑚岛上，植被稀疏，多生长着露兜树、木麻黄和椰子树等。由于太平洋岛屿的地理位置孤立，植物种较少，而且多特有种。例如，夏威夷群岛的植物有90%以上是特有种，新喀里多尼亚岛的2500种有花植物中80%是特有种。

温带海洋性气候——冬暖夏凉

孩子们，如果你有朋友定居在加拿大太平洋沿岸、澳大利亚东南部或新西兰等一些国家，你一定听他们描述过当地的天气：没有酷暑和严寒，不冷也不热。之所以有这样的天气，是因为这些地方属于温带海洋性气候。

温带海洋性气候指的是全年温和潮湿的气候。它的特征十分明显：冬无严寒，夏无酷暑，一年四季降水比较均匀。

温带海洋性气候位于南北纬40°~60°的大陆西岸，除亚洲和南极洲没有外，其余各大洲都有，其中以欧洲大陆西部及不列颠群岛最为典型。温带海洋性气候往往仅分布在狭长地带或岛屿上。

温带海洋性气候在西欧最为典型，分布面积最大，在美洲大陆西岸相应的纬度地带以及大洋洲的塔斯马尼亚岛和新西兰等地也有分布。属于这一气候的有西北欧、加拿大太平洋沿岸、智利南部及澳大利亚的东南一小部分。

西欧位于北纬30°~40°，受偏西风的影响。而北美洲的地形是西边高，中间低，东边略高，从太平洋上吹来的水汽被落基山脉阻挡，只有沿海边缘地区才能受到影响，且有阿拉斯加暖流经过。所以北欧范围大，北美洲范围小。

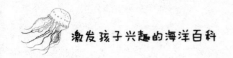

形成这种气候的主要原因是，本区位于中纬度（40°~60°）大陆西岸，终年盛吹偏西风，风从西面海上吹来，沿岸又有暖流，使西风更加温暖湿润，登陆后受地形抬升，即能大量降水。就西欧来说，沿岸的北大西洋暖流很强大，温度湿度较高，沿岸又特别曲折，地中海、波罗的海等深入内陆，再加上西欧的地势低平，平原和山地皆呈东西走向，故使西风和气旋等可深入内陆，扩大了大西洋影响的范围，使欧洲西部的温带海洋性气候特别典型。

总结下来，温带海洋性气候有以下特征：

1.冬暖夏凉，年温差小

海洋性气候区内越靠近大洋，气候的海洋性越强。特别是在冬季，因沿岸有暖流经过，西风从暖流海面吹来，气流温暖潮湿，因此冬季气温比同纬度的大陆中心和大陆东岸暖得多。最冷月均温在0℃以上。夏季时暖流水温仍较大，大陆温度低，海上要比陆上凉得多，这里受西风带影响最热月均温在22℃以下。由于冬暖夏凉，年温差要比同纬度其他地区小得多。

2.全年有雨，冬雨较多

此区正当温带气旋活动的路径上，气旋雨量丰沛，特别是冬季时温带气旋更为活跃，雨日很多，但降水强度并不大。冬季降水量在全年所占比例稍大，全年没有干季。

3.气温年变化与日变化都很小

在洋面上甚至观测不到日变化。年变化的极值一般比大陆后延1个月，如最冷月为2月，最暖月为8月。在高纬地区最冷月还可能是3月，最暖月也可能到9月，秋季暖于春季。

4.降水量的季节分配比较均匀

降水日数多，但强度小。云雾多，湿度高。

5.在热带海洋多风暴

如北太平洋西南部分与中国南海是台风生成和影响强烈的地区。热带风暴（包括台风）是一种十分严重的气象灾害。

6.多云雾天气，湿度大

多数临近海洋的大陆地区，都具有海洋性气候特征，西欧沿海地区是大陆上典型的海洋性气候区。

温带海洋性气候，纬度较高，阴雨天气多，热量和光照条件一般不太适合发展种植业（巴黎盆地除外，那里热量条件较好，有种植业分布），一般以畜牧业（如苏格兰北部），花卉种植业（如荷兰）等对热量要求较小的农业类型为主。

该气候不利于粮食作物及油料作物的生长，但利于多汁牧草生长。

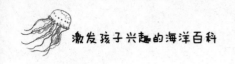

赤潮现象——海水富营养化污染

孩子们，在你的印象中，海水应该是蓝色的吧，然而，如果海水是黄色或者棕色等，那么海水就可能是被污染了。海水污染的种类有很多，其中富营养化污染就是我们常说的赤潮现象。所谓赤潮，指的是在特定的环境条件下，海水中某些浮游植物、原生动物或细菌爆发性增殖或高度聚集而引起水体变色的一种有害生态现象。

赤潮是一个历史沿用名，它并不一定都是红色，实际上是许多赤潮的统称。由于赤潮发生的原因、种类和数量的不同，水体会呈现不同的颜色。

有红色或砖红色、绿色、黄色、棕色等。但某些赤潮生物引起赤潮有时并不引起海水呈现任何特别的颜色。

赤潮虽然自古就有，但随着工农业生产的迅速发展，水体污染日益加重，赤潮也日趋严重，赤潮不但给海洋环境、海洋渔业和海水养殖业造成严重危害，而且对人类健康甚至生命都有影响。主要包括两个方面：

第一，引起海洋异变，中断海洋食物链，使海域一度成为死海。

第二，有些赤潮生物分泌毒素，这些毒素被食物链中的某些生物摄入，如果人类再食用这些生物，则会导致中毒甚至死亡。

赤潮究竟是一种原本就存在的自然现象，还是人为污染造成的，至今尚无定论。但根据大量调查研究发现，赤潮发生必须具备以下条件：

①海域水体高营养化。

②某些特殊物质参与作为诱发因素。已知的有维生素B1、B12、铁、锰、脱氧核糖核酸。

③环境条件。如水温、盐度等也决定着发生赤潮的生物类型，发生赤潮的生物类型主要为藻类，目前已发现有63种浮游生物，硅藻有24种、甲藻32种、蓝藻3种、金藻1种、隐藻2种、原生动物1种。

简而言之，赤潮是由于水面上浮游生物急剧繁殖而使海水变化的现象，已知的赤潮生物有数十种，不同的赤潮生物引起的赤潮颜色不完全相同。例如，夜光虫引起的赤潮是粉红色，鞭毛类引起的赤潮是绿色等。

海洋污染的特点是污染源很广，一切污染物最终都可能通过空气、土壤、水体等途径归入大海。既然赤潮现象危害多，那么，如何预防呢？

到目前为止，国内外提出的赤潮治理方法有很多种，但真正能付诸应用的却寥寥无几。这主要是因为要使一种方法得到认可，必须符合"高效、无毒、价廉、易得"的要求，而目前很难找出一种方法完全符合上述要求。但在水产养殖区内发生赤潮的紧急情况下，仍然有一些应急措施可以采用。

对于小型的网箱养殖，可以采用拖曳法来对付赤潮。也就是将养殖网箱从赤潮水体转移至安全水域。这种方法简单易行，但前提条件必须是赤潮仅在局部区域发生，而且在周围容易找到安全的"避难区"。

隔离法是另一种比较可行的应急措施。这种方法主要是通过使用一种不渗透的材料将养殖网箱与周围的赤潮水隔离起来以降低赤潮的危害。同时应注意给网箱充气，防止鱼类缺氧。

对于大面积的赤潮治理，现在国际上公认的一种方法是撒播粘土法。

粘土是一种天然矿物，具有来源丰富、成本低、无污染的优点。日本和韩国已经在海上尝试使用了这种方法，大大降低了当年因赤潮所引起的渔业经济损失。为了进一步提高粘土的治理效果，又研制出了改性粘土。改性粘土是通过改变粘土颗粒的表面性质而制备的，其治理效果比粘土高几倍甚至几十倍，被认为是一种很有潜力的赤潮治理方法。

另外，还有人提出用生物方法治理赤潮，即通过滤食性贝类、浮游动物、藻类、细菌或病毒等捕食或杀死赤潮藻，但目前这种方法还处于研究阶段，进一步的应用还有待研究。此外还有凝聚剂沉淀法、回收处理法、生物处理法和化学药品法。

孩子们，未来你们能否发明更好的防治赤潮的方法呢？

海洋生态环境的现状与保护

　　环境保护已经成为现代社会人们的一种共识，随着社会的发展和地球资源的开发尤其是海洋资源的开发，海洋生态环境的保护也逐渐被人们认识。例如，从20世纪90年代末期起，国际社会为防止陆地活动对海洋环境日益严重的影响，提出"从山顶到海洋"的海洋污染防治策略，强调将海洋综合管理与流域管理衔接和统筹，对跨区域、跨国界海洋污染问题建立区域间协调机制。

　　那么，什么是海洋生态环境呢？它的现状如何，又该怎样保护呢？

　　所谓海洋生态环境，指的是海洋生物生存和发展的基本条件，生态环境的任何改变都有可能导致生态系统和生物资源的变化，海水的有机统一性及其流动交换等物理、化学、生物、地质的有机联系，使海洋的整体性和组成要素之间密切相关，任何海域某一要素的变化（包括自然的和人为的），都不可能仅仅影响某一具体地点，它可能对邻近海域或者其他要素产生直接或者间接的影响和作用。

　　海洋生态平衡的打破，一般来自两方面的原因：一是自然本身的变化，如自然灾害。二是来自人类的活动，一类是不合理的、超强度的开发利用海洋生物资源，如近海区域的酷渔滥捕，使海洋渔业资源严重衰退；另一类是海洋环境空间不适当地利用，致使海域污染的发生和生态环境的恶化，如对沿海湿地的围垦必然改变海岸形态，降低海岸线的曲折度，危及红树林等生物资源，造成对海洋生态环境的破坏。海洋生物多样性的减少，是人类生存条件和生存环境恶化的一个信号，这一趋势目前还在加速发展，其影响固然直接危及人们的利益，但更为主要的是对后代人未来持续发展的积累性后果。因此，只有加强海洋生态环境的保护，才能真正实现海洋资源的可持续利用。

海洋是一个完整的水体。海洋本身对污染物有着巨大的搬运、稀释、扩散、氧化、还原和降解等净化能力。但这种能力并不是无限的，当局部海域接受的有毒有害物质，超过它本身的自净能力时，就会造成对该海域的污染。

海洋污染，是一个国际性的问题。保护海洋环境，防止海洋污染，是各国的共同要求。海洋污染的特点是：污染源广、有毒有害物质的种类多、扩散范围大、危害深远、控制复杂、治理难度大。因此，海洋污染比起陆地上的其他环境污染要严重和复杂。

此外，海洋污染还直接危害沿海人们的身体健康。

海塘及其他围海工程在我国历史悠久，遍及我国沿海各省，对防止海潮泛滥、围垦滩地和发展生产，起着重要的作用。但盲目、不切实际地围垦，任意建造海洋工程，随意挖沙采石，乱砍滥伐防护林，都可能损害近岸的海洋环境，造成海岸后退、水土流失，破坏鱼虾等栖息繁殖的场所，使滨海地区被过度填海，改变了原海流路线，大大降低自净能力。

近几十年来，我国海洋渔业资源明显衰退，渔获数量下降，质量受到影响，除与海洋环境受污染有关外，渔业结构不合理，重捕轻养，捕捞过度，酷渔滥捕是一个重要原因。过度捕捞，往往造成滥捕未成熟的小鱼，破坏渔业资源的再生产能力，经济价值高的鱼种逐渐灭绝。

　　海洋里提供给人类的渔业资源是有限的，而现在实际捕捞量已大大超过容许捕捞量。保护海洋环境，防止海洋污染，保护海洋资源，防止恶性循环继续发生，是一项刻不容缓的任务。

　　海洋环境保护，不仅指海洋污染的防治，还涉及海洋资源的保护，海洋资源的合理开发利用，以及工业布局、能源结构、产品结构等许多问题。从根本上讲，保护环境就是保护资源，就是为促进经济发展提供物质基础。资源和环境是一个有机的统一整体，自然资源对环境起着重要的调节作用，破坏资源，就是破坏人们的生活环境；保护自然资源，并不是一味地保持自然的天然面貌，而是有效地、充分地利用自然环境及其资源。保护自然资源和合理利用自然资源，二者是统一的且互为因果的。要以生态平衡的整体观和经济观科学地、全局地、长远地正确处理好海洋资源的开发与环境保护的关系。开发是为了人类的需要，为人类造福；保护是保护资源再生产能力，防止污染，防止生态系统恶化。保护是为了更好地开发利用，而开发利用必须注意保护。要从环境的全局出发，使经济建设、城市建设和环境建设做到同步规划、同步实施、同步发展，实现经济效益、社会效益和环境效益的统一。

第04章
美丽的海洋动物

　　在生活中，我们经常能看到各种各样的动物，而其实，在海洋中，也生存着很多动物，我们将其称为海洋动物，海洋动物是海洋中异养型生物的总称。海洋是重要的生命支持系统，海洋动物是生物界重要的组成部分。门类繁多，各门类的形态结构和生理特点可以有很大差异。微小的有从海上至海底，从岸边或潮间带至最深的海沟底，都有海洋动物。海洋动物现知有16万~20万种，它们形态多样，包括微观的单细胞原生动物，高等哺乳动物。它们分布广泛，从赤道到两极海域，从海面到海底深处，从海岸到超深渊的海沟底，都有其代表。接下来，我们就看看都有哪些海洋动物吧。

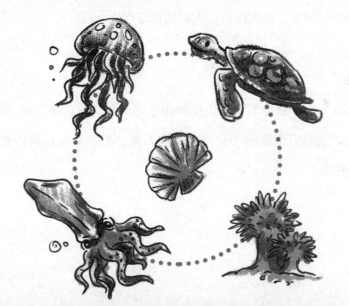

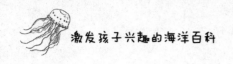

海洋无脊椎动物

猫、狗、牛、羊、马等，这些动物是生活中十分常见且都是脊椎动物，除了脊椎动物外的所有动物，就是无脊椎动物了。所谓无脊椎动物，指的是在身中轴没有脊椎骨组成的脊柱的动物，占动物界种类的绝大多数。这类动物的主要特点是体内无脊椎骨，神经系在腹面，心脏在背面，故又有"腹神经动物"之称。

在你们喜欢的海洋中，其实生存与繁衍着众多的无脊椎动物。例如：

1.水母

已知水母的种类约有250余种，是一种低等的海产无脊椎浮游动物，肉食动物，在分类学上隶属腔肠动物门（又称刺胞动物门）、钵水母纲，或指立方水母纲的种类，该纲以前认为是钵水母纲的一目。

2.海参

海参属海参纲，是生活在海边至8000米的海洋棘皮动物，距今已有6亿多年的历史，海参以海底藻类和浮游生物为食。海参全身长满肉刺，广布于世界各海洋中。

3.墨鱼

墨鱼是贝类，也称乌贼鱼、墨斗鱼、目鱼等。属软体动物门，头足纲，十腕目，乌贼科。中国所指的"墨鱼"或"乌贼"，大多是中国东海主产的曼氏无针乌贼和金乌贼两种。

4.海兔

属海兔软体动物门，腹足纲，海兔科动物的统称。海兔分布于世界暖海区域，我国暖海区福建、广东沿海也有出产。

5.奇虾

奇虾是一种古怪的虾，是一种于中国、美国、加拿大、波兰及澳大利亚的寒武纪沉积岩均有发现的古生物。它是已知最庞大的寒武纪动物。根据推测，此类动物极有可能是活跃的肉食性动物。

6.巨型鱿鱼

巨型鱿鱼是世界上最大的无脊椎动物，属于头足纲、枪形目、巨型鱿鱼科，在很多文章中，我们可以看到它被作者描述为"大王乌贼"。其实鱿鱼与乌贼是有区别的，就普通大小的鱿鱼和乌贼而言，它们虽然有着相似的外型，但是很明显，由于乌贼的身体更狭长，有点像标枪的枪头，所以又叫枪乌贼。鱿鱼的触手没有乌贼的触手长，而且不能全部缩到身体内。

巨型鱿鱼两只捕食性长触手上末端膨大，长有强大吸盘，而吸盘环上长有利齿，其它8条触手上也有长利齿的吸盘，成为它们有力的捕食工具。

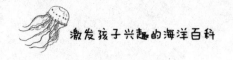

7.海绵

这种海绵与我们在日常生活中使用的海绵是完全不同的概念，一些人可能会产生疑问："海里还有海绵吗？"其实，生活在海里的海绵才是真正的海绵。

海绵动物的体型从极其微小至2米长，常在其附着的基质上形成薄薄的覆盖层，其他海绵动物则形态各异，呈块状、管状、分叉状、伞状、杯状、扇状或不定形。海绵要么颜色单一，要么很绚丽，颜色多与胡萝卜极为相似。

8.白蝶贝

白蝶贝这是一种大型珍珠贝类，有着"珍稀瑰宝"的美誉，主要生长于我国南海的雷州半岛西部沿海和海南岛西部沿海，其中临高、儋州和澄迈等市县沿海海域尤其常见。用白蝶贝培育出来的大型优质珍珠更是人间稀宝，所以成为养殖者和一些生物学家争相关注的对象。

9.钵水母

多数为大型水母，大约有200种，全为单体，全部是海产，无缘膜或仅有假缘膜，生殖细胞由内胚层形成。在中国沿海地区，常见的钵水母中有海蜇、霞水母、海月水母等。除十字水母营附着生活外，都是浮游生活，广布于各大洋，尤以热带海区为多。

当然，海洋无脊椎动物还有很多，这里，我们只列举了很常见的一小部分。

海洋脊椎动物

孩子们，前面我们了解了什么是海洋无脊椎动物，你可能会产生疑问，海洋里有没有海洋有脊椎动物呢？答案是肯定的，海洋里脊椎动物包括海洋鱼类、海洋爬行类、海洋鸟类和海洋哺乳动物。

1.海洋鱼类

各种各样的海洋生物里，鱼类是同人们生活最密切的一种，它们也是海洋里的主要居民之一，在蔚蓝的大海里自由自在地畅游着，给大海带来无限生机。海洋鱼类超过1万种，它们是一类用鳃呼吸，用鳍游泳，身体表面长着鳞片的海洋脊椎动物。海洋中的鱼类有鲨鱼、鲸鱼、海豚、剑鱼等。

2.海洋爬行类

海洋爬行类动物是指可以在海洋中生存的爬行动物。现存海洋爬行动物包括海龟、海鳄和海蛇3类，已灭绝的有鱼龙、蛇颈龙等。

海龟与海蛇类爬行动物现主要生活于暖水海洋中，位于北半球暖温带的青岛近海，只是偶然的机会，在夏、秋季海水温度升高的时候才能发现其行迹，而且数量较少。

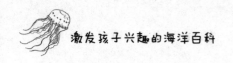

海龟是海洋中最为常见的而且是最为温驯的海洋爬行动物之一，其中有很多罕见的种类，如鹰头龟，是在2005年时沿海渔民发现的，因为这种海龟原不是本海域种类，所以比较罕见，其性格比较凶猛，以小虾、小鱼为食，是海龟中比较少的纯食肉类海龟；我国青岛记录的海龟鳖目海龟科有海龟和蚋龟；棱皮龟科有棱皮龟，均以甲壳动物、软体动物和鱼类为饵，是国家保护动物。

海蛇以海蛇科的青灰海蛇、青环海蛇和淡灰海蛇三种较常见，一般栖息于近海无人居住的海岛附近。海蛇在我国青岛沿海也不多见。海洋爬行类动物具有以下特征：

①皮肤干燥，缺乏腺体，表皮角质化程度高，外被角质鳞片或盾片或兼有来源于真皮的骨板。

②肺比两本类更为发达；呼吸系统已趋于完善；胸廓的出现，加强了呼吸机能。

③骨骼骨化程度高，结合牢固，转动较灵活，较好地适应陆地生活。趾端具爪，适于陆地爬行。

④心脏二心房一心室，但心室内有隔膜，已接近完全的双循环，循环机能和效率大为提高。

⑤爬行类肾脏为进步性后肾，具有较高的排泄机能。

⑥神经系统和感觉器官发达，提高了对外界环境的适应能力。但爬行类仍为变温动物。

⑦体内受精提高了受精率。

⑧爬行类产具有丰富卵黄和保护性卵壳的大型羊膜卵，获得了在陆上繁殖的能力。

3.海洋鸟类

海洋鸟类的种类不多，仅占世界鸟类种数的0.02%，如信天翁、鹱、海燕、鲣鸟、军舰鸟和海雀等都是小朋友们熟知的典型海洋鸟类。分布于中国的海洋鸟类约有20多种，它们一部分为留鸟，大部分为候鸟。

中国常见的海洋鸟类有：鹱形目的白额鹱和黑叉尾海燕等，鹈形目的褐鲣鸟和红脚鲣鸟，雨燕目的金丝燕和短嘴金丝燕等。

4.海洋哺乳动物

海洋哺乳动物是哺乳类中适于海栖环境的特殊类群，通常被人们称为海兽。是海洋中胎生哺乳、肺呼吸、恒体温、流线型且前肢特化为鳍状的脊椎动物。海洋哺乳动物主要包括鲸目、鳍脚目和海牛目。我国现有各种海兽39种，都是从陆上返回海洋的，属于次水生生物，属游泳生物。

（1）鲸目

分3个亚目，已知90余种。全水栖，外形酷似鱼类，最长能达到30多米，皮肤裸露，只有吻部有少许刚毛，皮下脂肪肥厚；前肢鳍状，后肢退化，尾肢为游泳器官；眼小，视力差，觅食和避敌主要靠回声定位；头顶有鼻孔1~2个；有肺两叶，起呼吸作用；无外耳壳，外听道细小，但感觉灵敏，且能感受超声波；乳房一对；胚胎时期都有齿，但须鲸类的齿在出生时变为须，齿鲸类终生有齿。

（2）海牛目

全水栖，纺锤形；皮厚，毛稀疏；颈短，有缢纹，颈椎互相分离；前肢鳍状，后肢缺失，仅保留腰带骨；无背鳍，尾鳍宽大扁平；臼齿咀嚼面平坦；胃多室，肠长，植食性，主食海藻；行动缓慢，好群居。分3科，其

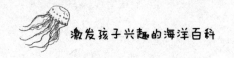

中大海牛科已于18世纪灭种，仍保存海牛科和儒艮科共4种。

（3）鳍脚目

半水栖，似陆兽；密被短毛；头圆，颈短；四肢呈鳍状，前肢保持平衡，后肢为主要游泳器官；趾间有蹼；鼻和耳孔均有活动瓣膜，潜水时都关闭；口大，周围有大量触毛，有不同型牙齿；听、视、嗅觉都灵敏，具有水下声通信和回声定位能力。

海洋原索动物

孩子们，前面我们已经介绍了海洋脊椎动物和无脊椎动物，而介于其中间的，就是海洋原索动物，它是前面两种海洋动物的过渡型。

原索动物分半索动物、脊索动物和头索动物。半索动物只有50种左右，它的代表物种是柱头虫。脊索动物是动物界中最高等的一门，它们形态结构复杂，数量庞大，有七万种之多，分为尾索动物、头索动物和脊椎动物3个亚门，其中海鞘是尾索动物的代表，文昌鱼是典型而古老的头索动物。尾索动物和头索动物是脊索动物中最原始的类群，是原索动物的主要组成部分。

我们首先来看看海鞘，海鞘是海鞘纲动物的总称，属脊索动物门，尾索动物亚门，全世界大概有1250种海鞘。常见的海鞘有：玻璃海鞘、有柄海鞘、拟菊海鞘等。海鞘又称海中凤梨，因形状像凤梨而得称，中国山东省沿海一带俗称海奶子。广泛分布于世界各大海洋中，从潮汐到千米以下的深海都有它的足迹。

海鞘形状有的像茄子，有的似花朵，外形很像茶壶。若用手指触动海鞘，它就会从出水管孔射出一股强有力的水流，然后由原来的挺立状态而变得绵软倒伏，所以它是脊索动物。刚出生的海鞘很像小蝌蚪，有眼睛有脑泡，尾部很发达，中央有一条脊索，脊索背面有一条直达身体前端的神

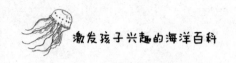

经管，咽部有成对的鳃裂，而且小海鞘还能在海里自由地游泳。

　　然而，几小时后，它的身体前端就渐渐长出突起并吸附在其他物体上。随后，尾部逐渐萎缩以致消失。神经管也退化，只留下一个神经节。咽鳃裂却急剧增加。体外同时产生被囊。海鞘这种由小到大的变态进化与正常进化的方向正好相反，所以生物学上将这种现象称为逆行变态。海鞘有着脊索动物中独一无二的血液循环系统：它为开管式循环，在脊索动物中罕见；更奇妙的是，它们的血流方向会每隔几分钟颠倒一次，绝对是独一无二的。

　　海鞘形状很像植物，它以特有的本领附着于船舰底部，数量又多，所以影响船只航行速度，消耗油量；还会附着堵塞水下管道，影响水流畅通，造成危害。但海鞘幼体的尾部有脊索，而脊索正是高等动物的标志，这样使海鞘跨入了脊索动物的行列。海鞘对研究动物的进化、脊索动物的起源有重要作用。

　　海鞘是营固着生活的动物，体外被一层类似植物纤维素的被囊像鞘一样套着，使身体得到保护和维持一定形状。这是动物界独一无二的一种现象，海鞘也因此而得名。它通过入、出水管孔不断地从外界吸水和从体内排水的过程，由鳃摄取水中的氧气，由肠道摄取水中的微小生物作为食物。

　　有的海鞘在生育时，能在身体上长出一个芽体，这个芽体在长大后脱离母体，发育成一个新个体。这就是海鞘的出芽生殖。有的海鞘进行有性生殖，这时，海鞘雌雄同体，但是卵子和精子却不能同时成熟，所以自体受精通常不会发生，只能是不同个体间进行婚配生育了。

　　由于海鞘喜寒，主要生存的地区都在寒带或温带，热带地区较少并且个头也较小。

接下来，我们来介绍下文昌鱼。

文昌鱼是一种半透明、皮肤很薄的海洋动物，由单层柱形细胞的表皮和冻胶状结缔组织的真皮两部分构成，表皮外覆有一层角皮层。表皮外在幼体期生有纤毛，成长后则消失。文昌鱼尚未形成骨质的骨骼，主要是以纵贯全身的脊索作为支持动物体的中轴支架。脊索外围有脊索鞘膜，并与背神经管的外膜、肌节之间的肌隔、皮下结缔组织等连续。

文昌鱼肉晶莹剔透，呈现红色，两头尖，体呈纺锤形，略似小鱼，头部看起来不明显，长40~57毫米。但美国产的加州文昌鱼可长达100毫米。文昌鱼前端有眼点，这是它们的视觉器部分，下为前庭及口，口叫"口笠"。前庭周围有40条口须，在咽的两侧有垂直的鳃裂，在它胚胎时，文昌鱼的鳃裂只有8对，但是成熟后却有了180对，文昌鱼的鳃裂不直接通向体表面开孔，而被皮肤和肌肉包裹着，形成一对特殊的"围鳃腔"。文昌鱼的后端有尾鳍及肛前鳍，背部有一条背褶，是一层皮膜物，根本没有真正的骨质鳍条；腹面还有一对皮褶，叫作"腹褶"。文昌鱼身体两侧交错排列着65个透明而明显的V字形肌节，V字的尖端部分朝着前方，肌节对于文昌鱼在水中向前运动十分有利。

文昌鱼是适合在温暖海中的动物。它半截下身埋在沙中，仅以前端露出沙外，白天半截身体躲在沙砾之中，在阳光之下，摇摇摆摆，依赖水流带来浮游生物及硅藻、植物供它吃食，这种被动式的摄食方式，说明它的低级性，也就是说明它在进化中低于脊椎动物。到了晚间才是它活跃的时刻，这时它离开沙窝，如同离弦的羽箭弹射到水面活动，一旦遇到惊扰，又游回沙滩窝内。文昌鱼游泳时以螺旋式前进。

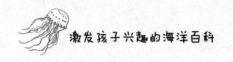

美丽的海洋奇景——珊瑚

相信去过海洋馆的小朋友们都见过珊瑚，也为美丽的珊瑚而震撼，可能你会认为珊瑚是植物，其实不是，珊瑚是海底动物。

珊瑚的样子像树枝，颜色鲜艳美丽，可以做装饰品。宝石级珊瑚为红色、粉红色、橙红色。红色是由于珊瑚在生长过程中吸收海水中1%左右的氧化铁而形成的，黑色是由于含有有机质。

那么，珊瑚是怎么形成的呢？

珊瑚生活在水深100~200米平静而清澈的岩礁、平台、斜坡和崖面、凹缝中。分布在温度高于20℃的赤道及其附近的热带、亚热带地区。

珊瑚是刺胞动物门、珊瑚虫纲、海生无脊椎动物。具有石灰质、角质或革质的内骨骼或外骨骼是其显著特点，"珊瑚"所指的也就是这些动物的骨骼，尤其是石灰质者。珊瑚的身体由两个胚层组成：位于外面的细胞层称外胚层，里面的细胞层称内胚层。在内外两胚层之间有一个中胶层，中胶层很薄且没有细胞结构，珊瑚进食从口开始，残渣从口排出，这类动物无头与躯干之分，也没有神经中枢，只有弥散神经系统。一旦受到了外界刺激，整个动物体都会产生反应，其生活方式为自由漂浮或固着底层栖息地。

珊瑚虫的卵和精子由隔膜上的生殖腺产生，经口排入海水中。受精通常发生于海水中，有时也发生于胃循环腔内。通常受精仅发生于来自不同个体的卵和精子之间。受精卵发育为覆以纤毛的浮浪幼虫，能游动。数日至数周后固着于固体的表面上发育成水螅体也可以出芽的方式生殖，芽形成后不与原来的水螅体分离。新芽不断形成并生长，于是繁衍成群体。新的水螅体生长发育时，其下方的老水螅体死亡，但骨骼仍留在群体上。软珊瑚、柳珊瑚及蓝珊瑚为群体生活。

珊瑚纲是腔肠动物门最大的一个纲，全部海产。全部是水螅型的单体或群体动物，生活史中没有水母型世代。珊瑚纲的水螅型结构较水螅纲复杂，身体为两辐射对称。常见种类如红珊瑚、细指海葵、海仙人掌。已知腔肠动物门约有9000种，通常分成3个纲，即水螅虫纲，约2700种，钵水母纲，只有200余种，而珊瑚虫纲有6100多种。

珊瑚在腔肠动物中是个统称，日常生活中凡造型奇特、玲珑透剔而来自海产的，人们就冠以"珊瑚"，凡"红色者"，统称为"红珊瑚"。珊瑚通常包括软珊瑚、柳珊瑚、红珊瑚、石珊瑚、角珊瑚、水螅珊瑚、苍珊瑚和笙珊瑚等。有人把体软的海鳃类和群体海葵也误称为"珊瑚"。

石珊瑚约有1000种，黑珊瑚和刺珊瑚约100种，柳珊瑚约1200种，而蓝珊瑚（蓝珊瑚目）仅存一种。石珊瑚是最为人熟知、分布最广泛的种类，单体或群体生活。与黑珊瑚和刺珊瑚一样，隔膜数为6或6的倍数，触手较简单而不呈羽状。

黑珊瑚和刺珊瑚呈鞭状、羽状、树状或形如瓶刷，分布于地中海、西印度群岛以及巴拿马沿岸海域。

由于环境污染，导致空气中一种使珊瑚易死的成分，出现在一些珊瑚区，因此，全球珊瑚种类及数量急剧减少。

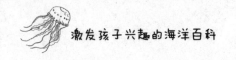
如果根据石珊瑚生长的生态环境和特点，可分为造礁石珊瑚、非造礁石珊瑚（或深水石珊瑚）两类。

石珊瑚中的深水石珊瑚，顾名思义它们栖息在深海。已知栖息最深的记录是在阿留申海沟6296~6328米处发现阿留申对称菌杯珊瑚。深水石珊瑚一般以单体为主，且个体小、色泽单调。用拖网、采泥器在海洋不同深度的海底都可以采到。

石珊瑚中的浅水石珊瑚分布在浅水区，一般从水表层到水深40米处，个别种类分布可深达60米，绝大多数是群体。在热带海区生长繁盛，它们在水中生活时色彩鲜艳，五光十色，把热带海滨点缀得分外耀眼，故浅水石珊瑚区有海底花园的美称。

在热带或亚热带区的印度、太平洋水域和大西洋、加勒比海区都有浅水石珊瑚生长。但是由于地理障碍（巴拿马地峡在600万年前已形成），这两个海区的浅水石珊瑚在演化过程中形成了两个截然不同的区系。

浅水石珊瑚正常生长的海水盐度为27‰~42‰，而且要求水质清洁，又需坚硬底质。在河口，由于大陆径流奔泻入海，携带大量陆源性沉积物质，因而不宜浅水石珊瑚生长。所以，要在河口寻找浅水石珊瑚是徒劳的。

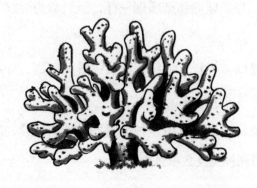

天然巧夺天工的艺术品——海百合

百合是生活中我们常见的一种鲜花，它属于植物，然而，在海底，却生长着一种酷似百合花的动物，它就是海百合，那么，海百合长什么样子呢？又有什么特征呢？

其实，海百合的年纪比恐龙还要大，它是一种始见于早寒武纪世的棘皮动物，生活于海里，具多条腕足，身体呈花状，表面有石灰质的壳，由于长得像植物，人们就给它们起了海百合这个名字。海百合的身体有一个像植物茎一样的柄，柄上端羽状的东西是它们的触手，也叫腕。这些触手就像蕨类的叶子一样迷惑着人们。海百合是一种古老的无脊椎动物，在几亿年前，海洋里到处是它们的身影。

海百合是棘皮动物中最古老的种类，全世界现有620多种海百合，常分为有柄海百合和无柄海百合两大类。

有柄海百合有长长的柄，柄固定在深海底，海底无风无浪，因此不需要坚固的固着物。柄上有一个花托，花托里有海百合所有的内部器官，而它的口、肛门都是朝上打开的，很明显，其他动物没有这样的外在特征，它那细细的腕从花托中伸出，腕由枝节构成，且能活动，侧面还有更小的类似羽毛的枝节。腕像风车一样迎着水流，主要以海水中的小生物为食。

无柄海百合，顾名思义，就是这种海百合并没有长长的柄，不过它有几条小根或腕，口和消化管也位于花托状结构的中央，这样它不但能浮动还能固定在海底，浮动时腕收紧，停下来时就用腕固定在海藻或者海底的礁石上。腕的数量因海百合的种类而不同，最少的只有两条，最多的达到200多条，由于每条腕两侧都生有小分枝，状如羽毛。每条腕都有体条带沟，有分枝通到两侧的小枝上，沟的两侧是触手状管足，并有黏液分泌。海百合是典型的滤食者，捕食时将腕高高举起，浮游生物或其他悬浮有机物质被管足捕捉后送入步带沟，然后被包上黏液送入口。

在古代，海百合的种类很多，有5000多种化石种，所以在地质学上有重要意义。有的石灰岩地层全部由海百合化石构成。

在贵州东北部的一些村镇里，路面和台阶都是就地取材用石头铺成，石头都采自附近的山上，天长日久，这些石头的表面都被磨得十分光滑，如果仔细观看这些光滑的表面，你会发现一些美丽的图案，一个一个的小圆圈，同周围的石头完全不一样，假如你运气好的话，会看到鲜红的五角星，这些就是海百合化石。

海百合化石价值多少？北京自然国家博物馆考古专家称，海百合生长于4.5亿年前，比恐龙时代还要早2亿年，应该是史上最早的生物之一。海百合之所以具有较高的科研价值和考古价值，是因为海百合对其生存的环境要求极其苛刻，能成为完整化石存世极其稀少，非常珍贵，更是一幅天然巧夺天工的艺术品，形状酷似一幅天然的荷花艺术，栩栩如生。花朵越大的其晶体亮度越强，收藏价值越高。

海百合一辈子扎根海底，不能行走。它们常遭鱼群蹂躏，一些被咬断"茎"，一些被吃掉"花儿"，命运悲惨。在弱肉强食的大海中，曾有一批批被咬断茎秆，仅留下花儿的海百合，险存下来。因为它们终归不是植物，"茎"在它们的生活中，并不是那么生死攸关。这种没柄的海百合，五彩缤纷，悠悠荡荡，四处漂流，被人称作"海中仙女"。生物学家给它另起美名"羽星"。羽星体含毒素，许多鱼儿不敢碰它。可仍有一些不怕毒素的鱼，对它们毫不留情。为了生存，它们只好大白天钻进石缝里躲藏起来，入夜才成群出洞，翩翩起舞。它们捕食的方法，还是老样子——腕枝迎向水流，平展开来，像一张蜘蛛的捕虫网，守株待兔，专等食物送上门。

由于羽星可自由行动，身体又能随环境改变颜色，它们便成了海百合家族中的旺族，现存480多种。它们喜欢以珊瑚礁为家，因为那儿海水温暖，生物种类繁多，求食也容易。而那种有柄的海百合，适应能力差，不能有效保护自己，数量也就日渐稀少，现存仅70多种。

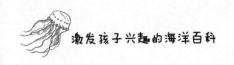

长寿的海洋动物——海葵

提到海葵，可能孩子们都会认为它是一种植物，其实不然，它是生长在海洋中的一种具有杀伤性的动物，且它还是一种食肉动物。不过，一份最新研究认为从基因编码上看海葵属于动物和植物的混合种。

那么，海葵长什么样，又有什么习性呢？

海葵是腔肠动物。六放珊瑚亚纲的一目，是一种构造非常简单的动物，没有中枢信息处理机构，换句话说，它连最低级的大脑基础也不具备。虽然海葵看上去很像花朵，但其实是捕食性动物，它的几十条触手上都有一种特殊的刺细胞，能释放毒素。

海葵共有1000多种，栖息于世界各地的海洋中，从极地到热带、从潮间带到超过10000米的海底深处都有分布，而数量最多的还是在热带海域。海葵有绿海葵、黄海葵等。

海葵这种无脊椎动物没有骨骼，锚靠在海底固定的物体上，如岩石和珊瑚。它们可以很缓慢的移动。口盘中央为口，周围有触手，少的仅十几个，多的达上千个，如珊瑚礁上的大海葵。触手一般都按6和6的倍数排成多环，彼此互生；内环先生较大，外环后生较小。触手上布满刺细胞，用作御敌和捕食。大多数海葵的基盘用于固着，有时也能作缓慢移动。少数无基盘，埋栖于泥沙质海底，有的海葵能以触手在水中游泳。

海葵的食性很杂，食物包括软体动物、甲壳类动物和其他无脊椎动物甚至鱼类等。这些动物被海葵的刺丝麻痹之后，由触手捕捉后送入口中。在消化腔中由分泌的消化酶进行消化，养料由消化腔中的内胚层细胞吸收，不能消化的食物残渣从口排出。

　　海葵多数不移动，有的偶尔爬动，有的以翻慢筋斗方式移动。有些属无基盘，如滨海葵属等，深埋淤泥沙内，仅露出口和触手。幻海葵属（Minyas）在近海面处浮动，口端朝下。海葵无骨骼，但能分泌角质外膜。有的能分泌黏液，周围黏满沙粒、贝壳或其他物体。触手的刺丝囊麻痹鱼等动物，有的只吃微生物。吃海葵的有海牛、海星、鳗、比目鱼和鳕。

　　多数海葵喜独居，海葵在单个体相遇时也会发生冲突和厮杀，两只海葵在接触后会立即将触手缩回去，如果它们是属同一无性生殖系的成员，就逐渐将触手伸展开，就好像两个朋友一样握手，不会再对抗，如果是不同繁殖系的成员，在触手接触得那一刹那，就会立即缩回，再接触再缩回，然后彼此剑拔弩张，展开一场厮杀。"战争"开始时先是口盘基部的特殊武器即边缘结节胀大，内部充水，变成锥形，继而体部环肌收缩，身体会因此变高，然后将整个身体向对方压去，在压倒对方的一刹那，立即将延长的结节朝对方刺去，结节顶端有大的有毒素的刺胞，若刺到对方会立即射出毒液。几分钟后弱者会撤退，主动脱离接触，若无隐身之所，便会使身体浮起来，任海水把自己冲走。如果找不到任何退路，就会不断被攻击，久而久之，也就难逃一死了。

　　它们争斗的主要目的是争夺生存空间。有的海葵如直径有15厘米的连珠状大海葵，能捕食海星。据观察，当猎物接近时，它突然用触手拥抱猎物，并同时向其射出数百到数千个刺胞，很快将其杀死。海星等大的其他

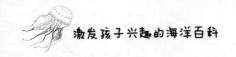

猎物，海葵也能很快将其置于死地。

海葵那美丽而饱含杀机的触手虽然厉害，但却以少有的宽容大度，允许一种6~10厘米长的小鱼自由出入并栖身其触手之间，这种鱼就叫双锯鱼，也称小丑鱼。其实双锯鱼并不丑，橙黄色的身体上有两道宽宽的白色条纹，娇弱、美丽而温顺，缺少有力的御敌本领。它们有的独栖于一只海葵中，有的是一个家族共栖其中，以海葵为基地，在周围觅食，一遇险情就立即躲进海葵触手间寻求保护。它们这种关系属共生关系，海葵保护了双锯鱼，双锯鱼为海葵引来食物，互惠互利，各得其所。除双锯鱼外，与海葵共生的鱼还有十几种。

除双锯鱼外，和海葵共生的还有小虾、寄居蟹等其他动物。每个海葵通常共生着3~7只小虾，多者可达几十只；共生的寄居蟹一般是雌雄一对，且双双保护自己的领地，不准其他蟹侵入，遇有借宿者会引起一场殊死搏斗。据科学家实验，如果把双锯鱼等海葵的共生者全部取走，海葵的活动就大大降低，有些就索性停止活动。不久，蝴蝶鱼就会纷纷游来用尖细的长嘴吞食海葵，用不了多长时间，它们就会把能找到的海葵消灭干净。

海葵虽然能和其他动物和平相处，但也时常为附着地盘、争夺食物与自己的同类进行争斗，常常出现一方把另一方体表上的疣突扫平或把触手拔光的争斗场面。

另外，很少有动物会捕食海葵，它的天敌有浅红副鳎、海星和部分裸鳃类。

不过，科学家还发现海葵的寿命大大超过海龟、珊瑚等寿命达数百年的物种。采用放射性同位素碳14技术对3只采自深海的海葵进行测定，发现它们的年龄竟达到1500~2100岁。

海洋之舟——企鹅

企鹅被称为"海洋之舟"，它是一种最古老的游禽，它们很可能在地球穿上冰甲之前，就已经在南极安家落户。

全世界的企鹅共有18种，大多数都分布在南半球。属于企鹅目，企鹅科。特征为不能飞翔；脚生于身体最下部，故呈直立姿势；趾间有蹼；跖行性（其他鸟类以趾着地）；前肢成鳍状；羽毛短，以减少摩擦和湍流；羽毛间存留一层空气，用以保温。背部黑色，腹部白色。各品种的主要区别在于头部色型和个体大小。

企鹅能在-60℃的严寒中生活、繁殖。在陆地上，它活像身穿燕尾服的西方绅士，走起路来一摇一摆，遇到危险连跌带爬，狼狈不堪。可是在水里，企鹅那短小的翅膀便成了一双强有力的"划桨"，游速可达每小时25~30千米。一天可游160千米。 主要以磷虾、乌贼、小鱼为食。

1488年葡萄牙的水手们在靠近非洲南部的好望角第一次发现了企鹅。但是最早记载企鹅的却是历史学家皮加菲塔。他在1520年乘坐麦哲伦船队在巴塔哥尼亚海岸遇到大群企鹅，当时他们称为不认识的鹅。人们早期描述的企鹅种类，多数是生活在南温带的种类。到了18世纪末期，科学家才定出了6种企鹅的名字，而发现真正生活在南极冰原的种类是19世纪和20世纪的事情。例如，1844年才给王企鹅定名，斯岛黄眉企鹅1953年才被命

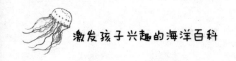

名。企鹅身体肥胖，它的原名是肥胖的鸟。但是因为它们经常在岸边伸立远眺，好像在企望着什么，因此人们便把这种肥胖的鸟叫作企鹅。又因为企鹅正面很像中国的"企"字，所以译名就叫企鹅。

在企鹅的18个独立物种中，体型最大的的物种是帝企鹅，平均约1.1米高，体重35千克以上。最小的企鹅物种是小蓝企鹅（又称神仙企鹅），身高40厘米，重1千克。本身有其独特的结构，企鹅羽毛密度比同一体型的鸟类大3~4倍，这些羽毛的作用是调节体温。虽然企鹅双脚基本上与其他飞行鸟类差不多，但它们的骨骼坚硬，并且脚比较短且平。这种特征配合犹如两只桨的短翼，使企鹅可以在水底"飞行"。南极虽然酷寒难当，但企鹅经过数千万年暴风雪的磨炼，全身的羽毛已变成重叠、密接的鳞片状。这种特殊的羽衣，不但海水难以浸透，就是气温在零下近百摄氏度，也休想攻破它保温的防线。南极陆地多，海面宽，丰富的海洋浮游生物成了企鹅充沛的食物来源，海洋浮游盐腺可以排泄多余的盐分。企鹅双眼由于有平坦的眼角膜，所以可在水底及水面看东西。双眼可以把影像传至脑部作望远集成使之产生望远作用。企鹅是一种鸟类，因此企鹅没有牙齿。企鹅的舌头以及上颚有倒刺，以适应吞食鱼虾等食物，但是这并不是它们的牙齿。

企鹅通常住在赤道以南，人迹罕至的地方才能看见它们。有些企鹅住在寒冷地方，有些企鹅住在热带地方。但企鹅其实并不喜欢热天气，只有在寒冷的气候中，它们才会快活。所以，在遥远的南极洲沿岸冰冷的海洋里，那儿住着最多的企鹅。企鹅的栖息地因种类和分布区域的不同而异：帝企鹅喜欢在冰架和海冰上栖息；阿德利企鹅和金图企鹅既可以在海冰上，又可以在无冰区的露岩上生活；在亚南极的企鹅，大都喜欢在无冰区的岩石上栖息，并常用石块筑巢。

南极企鹅的种类并不多，但数量相当可观。据鸟类学家长期观察和估算，南极地区现有企鹅近1.2亿只，占世界企鹅总数的87%，占南极海鸟总数的90%。数量最多的是阿德雷企鹅，约有5000万只，其次是帽带企鹅，约300万只，数量最少的是帝企鹅，约57万只。

豹斑海豹，只要企鹅下水，它就会快速游过去，吃掉企鹅。一只豹斑海豹一天可吃超过15只阿德利企鹅，但它通常是捕捉较弱或生病的企鹅。大贼鸥和南极大鱀，它们会伺机残害未受保护的企鹅宝宝，海狮、海豹、虎鲸等也会对企鹅产生威胁。

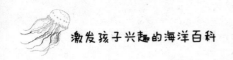

不是所有的鲨鱼都会"吃人"——鲸鲨

提到"鲨",想必很多孩子都会心生恐惧,因为在他们的印象中,鲨鱼都是会吃人的。其实,在海洋中,也有不吃人的鲨,那就是鲸鲨。那么,鲸鲨长什么样?又有怎样的生活习性呢?

鲸鲨属大洋性鱼类,食大量浮游生物和小型鱼类。主要分布于各热带和温带海区,中国各海区夏、秋季节都有分布,性情温和。由于大量捕杀,数量锐减。

鲸鲨是世界上最大的鲨,也是鱼类中最大者,通常体长9~12米。最大个体体长达20米,体重最大达12500千克。眼小,无瞬膜。口巨大,上下领具唇褶。齿细小而多,圆锥形。喷水孔小,位于眼后。体延长粗大,每侧各具二显著皮崤。鳃孔5个,宽大。体灰褐或青褐色,具有许多黄色斑点和垂直横纹。鳃耙角质,分成许多小枝、结成过滤港状。背鳍2个,第二背鳍与臀鳍相对,胸鳍宽大,尾鳍分叉。

鲸鲨身体大部都是灰色,腹部则是白色,嘴巴很宽,足足有1.5米,10片滤食片上内含了300~350排细小的牙齿。鲸鲨拥有5对巨大的鳃,两只小眼睛则位于扁平头部的前方,鳃裂刚好位于眼睛的后方。每条鲸鲨的斑点都是独一无二的,生物学家可以用来辨识不同的个体,所以也可以精准的判断鲸鲨数量。鲸鲨的表皮有黄白色的斑点与条纹,厚度达到10厘米。

鲸鲨拥有2个背鳍，第1个背鳍比第2个背鳍还大，外观成三角形。鲸鲨的胸鳍可以长达4.8米，尾鳍则长达2.4米，呈新月状，上半部比下半部还长。鲸鲨的皮肤厚达15厘米，可以有效抵抗其他生物攻击。第一背鳍远大于第二背鳍；胸鳍特大，为稍窄之镰刀状；臀鳍与第二背鳍同大，基底亦相对；尾鳍叉形，上尾叉鳍比下尾叉长两倍，由上叶及下叶之中部、后部组成，下尾叉则由下叶前部突出而成。体呈灰褐色至蓝褐色，体侧散布许多白色斑点及横纹，而这些斑纹排列呈棋盘状。

鲸鲨通常单独活动，除非在食物丰富的地区觅食，否则它们很少群聚在一起。雄性鲸鲨的活动范围比雌性更大，因为雌性鲸鲨比较偏好出现在特定的地点。鲸鲨的游动速度缓慢，常常能看到它们漂浮于水面上晒太阳。

鲸鲨虽然体型庞大，但是并不会伤害人类，甚至有很多科学家在教育大众时会调侃——不是所有的鲨鱼都会"吃人"。实际上，鲸鲨的性格是相当温和的，常会与潜水员们嬉戏玩耍，有一项未经证实的报告指出，当潜水人员为它们清理身体里的寄生生物时，它们会停下来享受这一"服务"，人类可以与它们一起游泳而不用担心被鲸鲨攻击，除了会被鲸鲨巨大的尾鳍无意间击中外。

潜水人员可以经常在洪都拉斯海湾群岛、泰国、红海、马尔代夫、西澳大利亚（宁哥路珊瑚礁）、巴西、莫桑比克、南非的苏达瓦那湾（大圣路西亚湿地公园）、科隆群岛、墨西哥女人岛、马来西亚西部、塞舌尔、斯里兰卡及波多黎各这些地区观察到鲸鲨的活动。

生物学家对于鲸鲨的繁殖习性仍然有许多疑问。生物学家在20世纪中叶以前，对于鲸鲨是胎生或卵生都仅止于臆测。后来生物学家在1956年

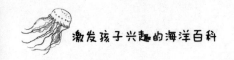

根据一颗墨西哥近海发现覆有鲸鲨胎仔的卵壳，而相信它们是卵生动物。到了1996年7月，中国台湾台东地区的渔民捕获一条雌鲨，随后在体内发现了300条幼鲨及卵壳，显示鲸鲨其实是一种卵胎生动物。鲸鲨会将卵留在身体内，直到幼鲨生长到40~60厘米后才释出体外，这显示出幼鲨并非全部同时出生。雌鲨会将精液保存下来，然后在一长段时间稳定地繁殖出幼鲨。生物学家认为鲸鲨会在30岁左右达到性成熟，它们的寿命可以达到70~100年。

历史上最小的活鲸鲨样本是菲律宾海洋动物研究人员在2009年3月7日所发现的，长度仅有38厘米，约当成年男性的前臂长度。当时人们在菲律宾的海滩上发现了它，随后受到研究人员的照顾并被送回野外。科学家相信这次意外事件可能让他们发现一个鲸鲨的繁殖地。

现在，很多国家都禁止人们捕杀鲸鲨。

有趣的"左撇子"——北极熊

对于北极熊，相信大家并不陌生。它的形象会出现在无数卡通片中，它们温顺、憨厚、可爱、忠诚，是人类的好伙伴。它们睡在冰川上的姿势就像一个3岁孩童抱着布娃娃入眠一样可爱。

那么，北极熊到底是怎样的一种动物，又有着怎样的生活习性呢？

北极熊是现今体型最大的陆上食肉动物之一，有着高超的游泳技能，因此，人们一度认为它们是海洋动物。

北极熊，体型庞大，站起来时高达2.8米，到冬季时它们喜欢囤积脂肪。北极熊，它们的体重可达650千克，熊掌就有25厘米宽，奔跑速度可达40千米每小时，还能在海里以时速10千米游97千米。

北极熊头部相对棕熊来说较长且脸小，耳小而圆，颈细长，足宽大，肢掌多毛，皮肤呈黑色，可从北极熊的鼻头、爪垫、嘴唇以及眼睛四周的黑皮肤看出皮肤的原貌，黑色的皮肤有助于吸收热量，这是保暖的好方法。北极熊的毛是无色透明的中空小管子，外观上通常为白色，但在夏季由于氧化可能会变成淡黄色、褐色或灰色。

北极熊因为有着巨大的熊掌，所以它们在海里游泳时，可以用前掌当"桨"，而宽大的后脚掌则用来在冰面上行走。它们有着极为灵敏的嗅觉，方圆1千米或者冰雪下1米的气味都能闻到，它们因为体型庞大，在以

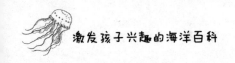

鱼类为食物时会进食大量鱼类，这将导致了它们的身体里有大量的维他命A，并储存在其肝脏里，所以食用北极熊的肝脏会导致中毒。

北极熊在它们的生命中大部分时间（约66.6%）是处于"静止"状态的，如睡觉、躺着休息或者是守候猎物，剩下有29.1%的时间是在陆地或冰层上行走或游水，1.2%的时间在袭击猎物，最后剩下的时间基本是在享受美味。

有时候北极熊辛苦捕到的猎物会引来同类的窥伺，一般来说，如果不幸面对那些比自己体型庞大的家伙，个头小些的北极熊会更倾向于溜之大吉，不过一个正在哺育幼子的母亲为了保护幼子，或是捍卫一家来之不易的口粮，有时也会和前来冒犯的大公熊拼上一拼。同时，北极熊是唯一会主动攻击人类的熊，大多发生在夜间。

为了不让自己挨饿，北极熊常趴在冰面上海豹的通气孔旁，或是当海豹爬上冰面休息时进行偷袭。北极熊"左撇子"的习惯就是在捕食过程中形成的。它有一身白色的皮毛，而周围又都是白色的冰雪，便于它进行隐藏，但是它的鼻子却不是白色的，容易被猎物发现，所以当它从冰面往水下看时，会"聪明"地用右手遮住自己的黑鼻子，而腾出左手捕食。

人类并非对北极熊没有危害，不限制的打猎、捕杀，会使北极熊受到威胁。还有工业活动污染，也会干扰到它们的生活环境。

虽然气候变化的影响是不确定的，但即使是轻微的气候变化也可能对北极熊的海冰栖息地产生深远的影响。例如，如果北极的冰山继续融化，北极熊可能不能再在洞穴里生活，这会影响北极熊及其幼崽的生存。

持久性有机污染物（POP）也对北极熊产生威胁。对有机氯农药的研究显示，北极熊作为顶级掠食者，体内有积累这些化合物的危险，包括神经系统、生殖和免疫功能。

生活在世界上的野生北极熊大约有2万只，数量相对稳定。为了保护它们的生存，很多国家都签署了保护北极熊的国际公约，公约除了限制捕杀和贸易以外，还进一步提出了保护其栖息地以及合作研究的条款。

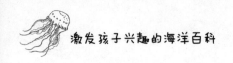最大的海洋哺乳动物——蓝鲸

　　前面，我们提到了鲸鲨这种不吃人且温顺的海洋动物，海洋里，除了鲸鲨外，还有一种叫作蓝鲸的动物，它不但是最大的鲸类，也是现存最大的动物，是迄今为止最大的哺乳动物，更是世界上最大声的动物，蓝鲸在与伙伴联络时使用一种低频率，震耳欲聋的声音。这种声音有时能超过180分贝，比你站在跑道上所听到的喷气式飞机起飞时发出的声音还要大，有一种灵敏的仪器曾在80千米外探测到蓝鲸的声音。

　　蓝鲸长可达33米，重达181吨。蓝鲸的身躯瘦长，背部是青灰色的，不过如果观察水中的蓝鲸，我们会发现颜色看起来淡多了。

　　蓝鲸之所以有这样的名称，是因为在拉丁语中，它的名称可以翻译为"强健"，但同时也能被翻译为"小老鼠"。林奈在1758年的开创性著作《自然系统》中对该物种的种类命名进行了解释，这两种翻译确实十分幽默且讽刺，在赫尔曼·梅尔维尔的小说《白鲸记》中，蓝鲸又有新的名称——"硫磺底"，因为矽藻附着在蓝鲸的皮肤上，这让它们的下侧呈现出棕橘色或淡黄色，因此其也称为磺底鲸。其他常见的名称还有西巴德鲸、塞巴氏须鲸，大蓝鲸与大北须鲸、巨北须鲸，不过近几十年来这些名称渐渐被人们所遗忘。

　　蓝鲸分布于从南极到北极之间的南北两半球各大海洋中，尤以接近南

极附近的海洋中数量较多，但热带水域较为少见。

与其他须鲸一样，蓝鲸主要以小型的甲壳类和小型鱼类为食，有时也包括鱿鱼。在白天，蓝鲸通常需要在超过100米深度的海域来觅食，在夜晚才能到水面觅食。蓝鲸在晚秋开始交配，并一直持续到冬末，雌鲸通常2~3年生产一次，在经过10~12个月的妊娠期后，一般会在冬初产下幼鲸。

蓝鲸有着巨大的头部，在它的舌头上能站足足50人，它有着和小汽车一样大的心脏，它的动脉足足有婴儿身体那么大，就连刚出生的蓝鲸，也比一头成年大象还要重，在其生命的头7个月，幼鲸每天要喝400升母乳。幼鲸的生长速度很快，体重每24小时增加90千克。

蓝鲸最喜欢栖息于温暖海水与冰冷海水的交汇处，因为冰冷的海水通常富含浮游生物和磷虾，它们是蓝鲸最喜欢的美食。蓝鲸呈世界性分布，以南极海域数量为最多，主要是水温5~20℃的温带和寒带冷水域，有少数鲸曾游于黄海和台湾海域。

虽然有人曾见到50~60只蓝鲸成群活动，但一般很少结成群体，大多数是独自活动，或者最多两三只一起活动，双栖的蓝鲸关系十分友好，它们会一起游泳、觅食，形影不离，它们所过之处，会出现一条宽宽的水道。3只在一起的蓝鲸，大多为雌鲸和一只幼仔鲸紧靠在一起，雄鲸尾随其后，相距大约3米。

尽管体型巨大，平时行动缓慢，常常静止不动，却能在水中沉浮自如，尾巴灵活地摆动，既是前进的动力，也起着舵的作用，前进时速高达28千米。

蓝鲸是最重要经济种之一，脂肪量多。国际上规定用蓝鲸产油量作为换算单位，即1头蓝鲸=2头长须鲸=2.5头座头鲸=6头大须鲸。

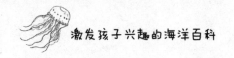

从现代捕鲸开始的年代起，人类就对蓝鲸竞相滥捕，在捕鲸高峰的1930~1931年，全世界一年就捕杀蓝鲸近3万头。1966年国际捕鲸委员会宣布蓝鲸为禁捕的保护对象。未开发前蓝鲸至少有20万头，现在估计最多有13000头。根据国际捕鲸委员会1989年发表的统计报告说，蓝鲸现在只有200~453头。这是根据在南半球经过8年的调查得出的，已经濒临灭绝。

禁止捕鲸以来，全球蓝鲸的数量基本保持不变，3000~4000头。从受胁物种红色列表创立开始，蓝鲸就已经被列为红色列表上的濒危物种。

如今的工业环境也会对其造成威胁，如多氯联二苯化学品会在蓝鲸血液内聚集，导致蓝鲸中毒和夭折，同时日益增加的海洋运输造成的噪声，掩盖了蓝鲸的声音，导致蓝鲸很难找到配偶。

海洋温度的改变也会影响蓝鲸的食物来源，暖化趋势减少盐分的分布，这将会对蓝鲸的分布与密度造成严重的影响。

第05章
危险的海洋动物

　　前面章节中，我们已经为大家介绍了一些外型可爱美丽的海洋动物，而海底世界绚丽多彩，除了这些动物外，海洋里还有一些凶猛的动物，如箱水母、大白鲨、虎鲨、海狮等。动物与动物之间也犹如陆地上一样，有食物链顶端的，有底端的。那么，这些动物的外型都是怎样的，又有怎样的生活习性呢？

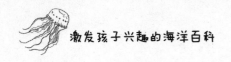

漂亮的海洋生物——箱水母

　　孩子们，在电视节目中，你是否经常看到"水母"这一词语呢？水母是一种非常漂亮的水生动物，但大部分水母都是有毒的，尤其是一种叫箱水母的海底动物，其触手有剧毒，它是地球上已知的毒性最强的生物之一，又名海黄蜂。那么，箱水母是一种怎样的动物呢？

　　箱水母也叫立方水母，属于腔肠动物科，海生，大约有20种，水螅体小，水母体大。会主动猎食鱼类、蟹类等动物，独居。其触手对于人体有剧毒。

　　箱水母之所以有如此奇怪的名称，是因为它外形微圆，看起来就像一只立方形的箱子，箱水母海生，水螅体小，水母体大。成年的箱水母如同一个足球，又像个蘑菇，它的体内能喷出水柱，以此推进它前进，在它的身体两侧，各有两只原始的眼睛，这两只眼睛能感受光线的变化，而它的身后拖着60多条带状触须。这些触须正是使人致命的地方，能伸展到3米开外的地方，在每根触须上，密密麻麻地排列着囊状物，每个囊状物又都有一个肉眼看不见的、盛满毒液的空心"毒针"（刺细胞）。刺细胞内有一个叫刺丝囊的专用器官。这些刺丝囊在休息时是卷在一起的，而一旦被水母攻击就伸展开，然后将刺丝囊刺到对方的体内，迅速释放毒液，人会感到肌肉疼痛。只需要短短两分钟时间，人就会因为器官衰竭而死。

箱水母也是属于最早进化出眼睛的一批动物。瑞典科学家的一项新研究发现，箱水母已经进化出与人类极为相似的眼睛，且有24对，正是因为这些眼睛，它们能轻松避开海洋中影响它们前进和生活的障碍物。与普通洋流中的水母不同，箱水母能自由潜进，能快速地做出180°转弯。箱水母的眼睛分布在管状身体顶端的杯状体上，这些眼睛分为4种不同类型，最原始的一种只有一种功能——感知光的强弱，但也有一种更为精巧的，能和人眼一样感知物体大小，这些眼睛的分布能让它几乎看到周围环境中360°的范围。

箱水母有着超强的避开障碍物的能力，为了测试这一点，瑞典隆德大学的研究者让箱水母在一个流水池中游动，并在水中放置不同的障碍物。结果发现，箱水母能避开不同颜色和形状的障碍，这与人类一样，不过，对于水中透明的障碍物，它们却躲不开。

美国《世界野生生物》征集了各国学习的意见，列举了世界上最毒的10类动物的名称，而第一名就是我们此处说的箱水母。

箱水母中最具代表性的是澳大利亚箱水母（海黄蜂，海胡蜂），主要生活在澳大利亚东北沿海水域，经常漂浮在昆士兰海岸的浅海水域。这种水母仅有大约0.4米，共有24只眼睛。箱水母的触须上生长着数千个储存毒液的刺细胞，不仅恶意的攻击，就连贝壳或皮肤不经意的剐蹭都会刺激这些微小的毒刺。

这些个儿不大，半透明的家伙，接触它非常危险，它们毒性大，在水中难以发现且游速极快（超过4千米/小时）。若有人碰到箱水母身上的微小细胞，可能会很快死亡。在澳大利亚昆士兰州沿海，25年中因箱水母中

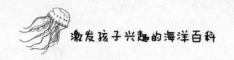

毒而身亡的人数约有60人，死于鲨鱼之腹的只有13人。

　　孩子们，对于箱水母的毒性，你大概有了一定的了解，到了夏天，当你去海边玩耍的时候，也一定要注意安全，远离水母。

处于海洋食物链的顶端——大白鲨

孩子们，在很多电影中，相信你都看到过大白鲨，大白鲨通常与血腥的场景同时出现，的确，大白鲨最显著的特点就是攻击性强，那么，大白鲨有怎样的生活习性呢？

大白鲨，又称噬人鲨，是海洋中最大的食肉鱼类，身长可达6.5米，体重3200千克，牙长10厘米，大型进攻性鲨鱼。大白鲨因为具有如此巨大的体型，所以它成功地成为了海洋食物链顶端的"王者"，令所有海洋动物和生物们望而生畏。

大白鲨眼睛乌黑，牙齿和双颚极为凶恶，跟食人鲳差不多，一般体呈灰色、淡蓝色或淡褐色，腹部呈淡白色，背腹体色界限分明，体型大者色较淡；身体硕重，尾呈新月形，牙大且有锯齿缘，呈三角形。

大白鲨分布于各大洋热带及温带区，一般生活在开放洋区，但常会进入内陆水域。它们最喜捕食海豹、海狮，偶尔也会吃海豚、鲸鱼尸体。

在所有的鲨鱼之中，只有大白鲨能将头部直立于海面上，正因为如此，它们能轻松寻找在水面上的猎物，不仅如此，它们还能潜入海底1200米深处寻找潜在猎物。

大白鲨最早出现于中新世，是现存唯一的食人鲨鱼成员，但它们也面临着严峻的生存危机，可以说每一只大白鲨的存在都是生命进化的奇迹，

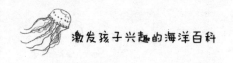
恰如白垩纪的恐龙一样。由于大白鲨的数量锐减，它们已经被列为世界保护品种，禁止人类捕杀，但同时，它们具有很强的攻击性，我们也只能经常在电影中看到它们。

与其他鲨鱼类相比，大白鲨的危害性明显更大，它们不但食人，还喜欢捕食鱼类、海龟、海鸟、海狮甚至与它们体重相似的海象、海豹，其他鲨鱼也不能幸免。有时候，大白鲨即便没有受到任何刺激，它们也会对海里游泳、潜水和冲浪的人进行攻击。

大白鲨还以其好奇心而闻名——它经常从水中抬起它的头，并且经常通过啃咬的方式去探索不熟悉的目标，还会将一切它们感兴趣的东西吞下去，如肉、骨头、木块，甚至钢笔、玻璃瓶等（它们的胃内有一层坚韧的壁，吞入的东西不会弄伤它们）。

大白鲨处于海洋食物链的顶端，极少有其他生物能够对其造成威胁，除了人类以外，能够捕杀大白鲨的生物仅虎鲸一种，虎鲸与大白鲨同为海洋中顶级掠食动物。

不过，近年来，大白鲨的生存环境堪忧，尤其是千千万万生活在海边的人都把鲨鱼视为价格低的蛋白质来源。

由于鲨鱼的生育速度缓慢，种群数量一直无法恢复，从而导致了世界范围内种群数量的急剧下降。根据研究人员的推算，全球大白鲨的数目不足3000条，这比野生老虎的数量还要少。

海中老虎——虎鲨

在鲨鱼家族中，还有一体型次于大白鲨的凶猛残忍的食肉动物，它就是虎鲨，也就是居氏鼬鲨，它是目前所知的在其所在科属体型最大的成员。居氏鼬鲨是出色的顶级猎手，其体长最大可达740厘米，捕杀各种海洋鱼类、哺乳类、海鸟、海龟甚至人，被喻为"海中老虎"，俗称"虎鲨"。

出生时的虎鲨长度只有60~104厘米，成年后一般长325~425厘米，重量一般在385~635千克。目前采集到的最大标本长度达5.5米，体重超过900千克。

生物学家曾经将虎鲨的特点总结为：

①体型粗大，头部比较高，呈方形。

②眼眶突出，吻短钝，眼睛小，呈现椭圆形，上侧位，无瞬膜，鼻孔具鼻口沟。

③鳃孔5个，最后3~4个位于胸鳍基底上方。

④背鳍2个，各具一硬棘；具臀鳍；尾鳍宽短，帚形，下叶前部三角形突出，尾基无凹洼；胸鳍宽大。分布在太平洋、印度洋各热带与温带海区。中国现有2种，宽纹虎鲨和狭纹虎鲨。

⑤口平横，上、下唇褶发达。上、下颌牙同型，每颌前、后牙异型，前部牙细尖，3~5齿头；后部牙平扁，臼齿状。喷水孔小，位于眼后下方。

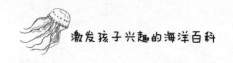

虎鲨多半出现在一些暖水海区，从近海到外海均可见到。具有垂直洄游习性，白天在深水域活动，夜间则至水表层或浅水域捕食。

虎鲨的食性很杂，它们最喜欢捕食甲壳类、贝类和鱼类，虎鲨因为牙齿锋利，所以能轻松咬断和咀嚼这些物体，常用来从较大的猎物身上撕下大块的肉，就连鲸鱼这样庞大的尸体残骸，它们都能撕下来一点点享用，另外，诸如海龟这种具有坚硬外壳的生物，它们也能轻松消化。

有时候，就连那些不能吃的东西，它们也能咀嚼得津津有味，包括那些人类丢进海洋的垃圾，如轮胎、汽车牌照、塑料瓶子和空铁罐都照吃不误。曾有学者在一条虎鲨的胃中发现了鱼骨、草、羽毛、水鸟骨、龟壳的碎片、旧罐头、狗的脊椎骨、母牛的头骨等。

雄性虎鲨一般在225~290厘米达到性成熟；而雌性在250~350厘米达到性成熟。

虎鲨是一种卵胎生动物，据说一条雌虎鲨一次可以怀400~500个胎儿，一般能够产10~82尾幼仔。

当鱼卵孵化成仔鱼后，就开始互相残食，一直拼杀到最后仅剩一条为止。过去曾经发生过这样一件事，有位生物学家在解剖一条怀孕的虎鲨时，竟被尚未出世的幼仔咬了一口。

孩子们，在了解了虎鲨后，是否对它的凶残和攻击性感到惊恐和害怕了呢？

动物王国的伪装高手——石鱼

孩子们，你喜欢吃鱼吗？相信你们都知道鱼的营养丰富，多吃鱼对身体发育大有帮助，但是有一种鱼不但不能吃，反而毒性极强，它就是石鱼，是少数几种有毒海生鱼类的统称。

石鱼主要分布于印度洋、太平洋的热带浅水中，南非、墨西哥、澳大利亚、印度尼西亚和菲律宾的沿海地区都可见到。它行动迟钝，生活于岩礁、珊瑚间以及泥底或河口。它们是动物王国的伪装高手，能够像石头一样静静"潜伏"在海床上，等待猎物主动上门。虽然石鱼不会主动发起攻击，但任何生物也不敢冒险与之亲密接触。石鱼背上的棘刺能够抵御鲨鱼或其他捕食者的进攻。所释放的毒液能够导致暂时性瘫痪症，若不经治疗便会一命呜呼。

石鱼生活在印度洋到太平洋热带的浅水中。它们只在水底生活，而且行动迟钝。它们躲在岩礁、珊瑚以及泥底一动不动，凭着它们那一身跟周围环境几乎一模一样的伪装，平平安安地过着日子。别以为它们只是不好看，它们还是危险的鱼类呢。如果不小心踩到它们，它们便会通过背鳍上的刺将大量毒液注入人身体内，引起剧痛，甚至致命。人体在中毒后会立即出现呼吸困难，浑身剧烈疼痛，伴随症状有恶寒、发烧、恶心，进而会引起昏厥、神经错乱、呕吐胆汁，接着心脏衰竭、血压下降，皮肤会在1小

115

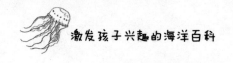

时之内变成蓝色，面部会因痛苦抽搐而扭曲变形，紧接着会胡言乱语、谵妄无知，最后呼吸麻痹，失去知觉。免疫力最强的人在24小时之内，普通人在二三小时之内会死亡。

石鱼的代表品种为玫瑰毒鲉，体长可达约33厘米。毒鲉科还包括几种其他粗壮多疣块的鱼类，也有毒，但不如石鱼恶名昭著。鲉形目鲉科某些鲉亦被视作岩鱼或石鱼。

石鱼生长在热带海洋中浅水域的岩石缝隙里，以小鱼小虾为食。石鱼因其外表而得名，善于伪装成一片岩石、珊瑚或是水草等，还会根据周围环境而变化颜色，等猎物接近时敏捷地吞食。

石鱼化石蕴存于石鱼山第三纪地层中，其地质岩层一直与五里外的石狮江相通，石狮江入涟水口处也有鱼化石分布。据考察在几百万年以前，湘乡市湖山及苏坡乡一带曾为湖泊，湖里的鱼类和其他浮游生物，在地层变迁运动中被埋在泥沙下面，经长期的地质作用后成为岩石层中的化石。

在我国的辽宁一带，因为多数沉积岩如泥岩、页岩、石灰岩出露的地区都有分布，因此多石鱼，凌源市宋杖子一带的原白鲟化石，出于晚侏罗、早白垩世义县组地层。

石鱼在该区产出历史悠久，分布面较广，据同治甲戌年记载，官北石鱼，产于辽宁省朝阳市的凌源市、北票市，锦州市义县等地。该石为白鲟、狼鳍鱼等鱼类化石，《石雅》载之为"石鱼"。多数沉积岩如泥岩、页岩、石灰岩出露的地区都有分布，道路的切坡、采石场、波浪冲刷的河岸以及悬崖，常剥露出大量鱼化石，是理想的采集地点，软岩石出露之处，若岩石没有严重变形也是较好的采集地；硬岩石则发掘十分困难，且不易得到完整的石鱼。

有毒的"菜肴之冠"——河豚

河鲀鱼泛指鲀形目、硬骨鱼纲，鲀科的各属鱼类。因其外形似"豚"；又常在河口一带活动，江、浙一带俗称河豚，而河北叫腊头，山东则称艇巴，广东称乖鱼或鸡抱，广西则叫龟鱼。

河豚大多数种类均为特有的豚形，这一体形特征决定了它们的游泳能力不强，除作一般性移动外，不作远距离徊游。河豚不同种类的体形存在很大差异。

河豚体圆棱形，体背侧灰褐色，并散布有白色的小斑点，有些斑点呈条状或虫纹状。肚腹为黄白色，背腹有小白刺，鱼体光滑无鳞，呈黑黄色。臀鳍白色，尾鳍下缘乳白，其他各鳍黄色。眼睛内陷半露眼球，上下齿各有两颗牙齿形似人牙。鳃小不明显，鼻孔位于鼻囊突起两侧，鼻囊突起不分叉。口小，鳔卵圆形或椭圆形，具气囊，遇敌害时腹部膨胀。河豚体长一般5~28厘米，大多数体长10~20厘米，体重一般300克上下。

日本人把河豚鱼视为珍馐佳肴。对于河豚鱼缺乏烹调经验的人，却万万吃不得，吃河豚中毒死亡者，在国内外屡见不鲜，就是食用河豚经验比较丰富的日本人，据说每年中毒死亡者也有几百人之多。

每年春季是河豚鱼的产卵季节，这时鱼的毒性最强，所以，春天是人食用河豚中毒的高发季节。

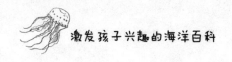

　　河豚毒素所在部位为鱼体内脏。其包括：生殖腺、肝脏、肠胃等部位，其含毒量的大小，又因不同养殖环境及季节上变化而有差别，按长江河豚和人工养殖河豚的实例证明，各器官毒性比较如下：卵巢→脾脏→肝脏→血筋→眼睛→鳃耙→皮→精巢→肌肉。养殖河豚（两岁以上）其器官毒性与野生河豚一致，但含毒素量较低。

　　河豚毒素中毒是因进食河豚后发生中毒的一种急症，河豚身体中的毒性很稳定，经炒煮、盐腌和日晒等均不能被破坏。河豚毒素有似箭毒样的毒性作用，主要使神经中枢和神经末梢发生麻痹：首先是感觉神经麻痹，其次运动神经麻痹，最后呼吸中枢和血管神经中枢麻痹，出现感觉障碍、瘫痪、呼吸衰竭等，如不积极救治，常可导致死亡。

　　食用河豚鱼而中毒者，如果及时发觉，还是可以抢救的。

海洋里的爬行动物——海蛇

提到蛇，一些孩子们可能会感到诧异，海里也有蛇？是的，它就是海蛇，海蛇是蛇目眼镜蛇科的一亚科。与眼镜蛇亚科相似，都是具有前沟牙的毒蛇。尾侧扁如桨，躯干后部亦略侧扁。本亚科有13属、38种，西起波斯湾东至日本，南达澳大利亚的暖水性海洋都有分布，但大西洋中没有海蛇。

海蛇也称"青环海蛇""斑海蛇"，长1.5~2米。生活于海洋中的爬行动物，是一种有毒的蛇。海蛇的腹部呈黄色或橄榄色，全身具黑色环带55~80个。其躯干略呈圆筒形，体细长，后端及尾侧扁，背部深灰色。海蛇是游泳高手和捕鱼高手，卵生。

海蛇分布于中国辽宁、江苏、浙江、福建、广东、广西和台湾近海。中国沿海有23种海蛇，其中广西、福建沿海海蛇资源丰富，以北部湾最多，每年可达5万多千克。福建平潭、惠安、东山等各沿海县每年捕获可达1万多千克。

海蛇喜欢栖息于大陆架和海岛周围的浅水中，在水深超过100米的开阔海域中很少见。它们有些喜欢在珊瑚礁周围的清水里活动，有的却喜欢呆在沙底或泥底的混水中，海蛇潜水的深度不等，有的喜欢在深水中潜水，有的喜欢在浅水中潜水，曾有两年在四五十米的海水中看到过海蛇的身影。不过，停留于浅水中的海蛇的时间一般不超过30分钟，停留于水面的

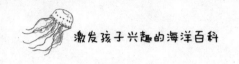

时间也很短，每次只露出头来，吸上一口气后很快就又潜入水中了。

深水海蛇在水面逗留的时间较长，特别是在傍晚和夜间更是不舍得离开水面了。它们潜水的时间可长达2~3小时。海蛇具有集群性，常常成千条在一起顺水漂游，便于捕捞，还具有趋光性，晚上用灯光诱捕收获更多。所以海蛇的生育交配是极为壮观的，每当繁殖季节来临，常有成群的雌、雄海蛇聚集在一起，有时数量可以多达数百万条，相互追逐，随波逐浪不断前进，其队伍有时可以绵延数公里之长。当它们聚集在港口处，甚至连船舶也难以正常航行。

据报道，在马六甲海峡，曾经出现过一次海蛇汇集在一起，排成了一米宽60海里长的一字形长蛇阵，井井有条，浩浩荡荡，其场面甚为壮观。

由于生活环境的差异，海蛇和陆蛇在生理、生态上有明显的不同，生物学家对此进行了总结：

1.尾巴

海蛇的前半部细小，呈圆柱形，后半部变粗，尾巴不和陆蛇那样细长如鞭，而是侧扁如桨，在海中游泳时，像船橹那样左右拨水前进。

2.瓣膜

为了潜水的需要，海蛇的鼻孔长有一对可开闭的瓣膜，可防海水从鼻腔进入体内。

3.肺

海蛇有着特别长的肺部，可以从喉咙一直延伸到尾部，能同时起到存储空气和调节身体上下浮沉的作用。

4.鳞片

海蛇和陆蛇一样，全身披着鳞片，只是海蛇的鳞片比较稀疏，体表有不少没被鳞片覆盖，这些部位的皮肤特别厚，可以避免海水中盐分渗入体内，同时起着防止体内水分散失的功能。

海蛇也有天敌，海鹰和其他肉食海鸟以其为食物。它们一看见海蛇在海面上游动，就疾速从空中俯冲下来，衔起一条就远走高飞，海蛇尽管是一种凶狠的海洋动物，但是只要一离开水，它就毫无战斗能力了，甚至连自保都做不到。

钩嘴海蛇毒液相当于眼镜蛇毒液毒性的两倍，是氰化钠毒性的80倍。海蛇毒液的成分是类似眼镜蛇毒的神经毒，然而奇怪的是，它的毒液对人体损害的部位主要是随意肌，而不是神经系统。海蛇咬人无疼痛感，其毒性发作又有一段潜伏期，被海蛇咬伤后30分钟甚至3小时内都没有明显中毒症状，然而

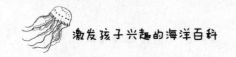

这很危险，容易使人麻痹。实际上海蛇毒被人体吸收非常快，中毒后最先感到的是肌肉无力、酸痛，眼睑下垂，颌部强直，有点像破伤风的症状，同时心脏和肾脏也会受到严重损伤。被咬伤的人，可能在几小时至几天内死亡。

多数海蛇是在受到骚扰时才伤人的。世界上最毒的动物是"毒蛇之王"——细鳞太攀蛇，海蛇的毒性和它差不多，并列为世上最毒的毒蛇。细鳞太攀蛇，它的毒液是眼镜蛇王的20倍，其一次排出的毒液能在24小时内毒死25万只小白鼠。其中，据记载，生活在澳洲的艾基特林海蛇列为世界10种毒性最烈的动物之一。还有生活在亚洲帝汶岛的贝氏海蛇也是世界上最毒的动物。

胆小温顺的海洋动物——海狮

　　海狮体型较小，体长一般不超过2米。海狮包括5属7种，分布北半球。北海狮为海狮科最大的一种。雄性体长310~350厘米，体重1000千克以上。雄性成体颈部周围及肩部生有长而粗的鬃毛，体毛为黄褐色，背部毛色较浅，胸及腹部色深。雌性体色比雄兽淡，没有鬃毛。面部短宽，吻部钝，眼和外耳壳较小。前肢较后肢长且宽，前肢第一趾最长，爪退化。后肢的外侧趾较中间3趾长而宽，中间3趾具爪。

　　海狮性情温和，多集群活动，陆岸可组成上千头的大群，海上多为1头或10来头的小群。视觉较差，但听觉和嗅觉灵敏。雌兽每胎仅产1仔，幼仔出生时体长约100厘米，体重约20千克，3~5岁时达到性成熟，寿命可达20年以上。分布于北太平洋的寒温带海域，福克兰群岛、南美沿岸从火地岛向北到巴西的里约热内卢和秘鲁的利马。

　　海狮无固定活动空间，多生存在食物充足的地方。它们主要聚集在饵料丰富的地区，食物主要为底栖鱼类和头足类。海狮的一些物种生活在北极圈内，而其他则生活在温暖的海域，包括美国加利福尼亚州。

　　海狮是非常社会化的动物，它们有各种各样的通信方式。通常集群活动，有时在陆岸可组成上千头的大群。白天在海中捕食，游泳和潜水主要依靠较长的前肢，偶而也会爬到岸上晒晒太阳，夜里则在岸上睡觉。除了

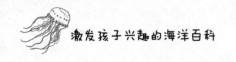

繁殖期外一般没有固定的栖息场所，雄狮每个月要花上2~3周的时间去远处巡游觅食，而雌狮和幼仔在陆地上逗留的时间相对较多。

海狮被认为是很胆小和温顺的动物，但也出现一些对人类有攻击性的报道。在繁殖期间有较强的领地意识，雄性则更加活跃，尤其当涉及与雌性的交配权时。

海狮以鱼类、乌贼、海蛰和蚌为食，也爱吃磷虾，有时在饥饿的时候甚至会吃企鹅。多为整吞，不加咀嚼。海狮的食量很大，所以它们大部分时间待在海里捕食食物，填饱自己的胃，以得到满足游泳运动的能量。为了帮助消化，还要吞食一些小石子。

科学家利用它们喜欢磷虾的特性，让海狮做起了"特约科学员"。科学家在其身上安装电子记录仪，检测海狮的游泳速度和活动范围，以此推断磷虾群的远近、大小和动态变化。

海狮在自然界只有两大敌人——虎鲸和鲨鱼。它们会对依赖于所在生活区的海狮形成威胁。当海狮进入更深的水域寻找食物时，更有可能会遇到这样的天敌。海狮的7个亚种中，已有一种（日本海狮）灭绝。海狮物种的未来是不确定的，主要是人类对其捕杀和自然环境的持续恶化。

第06章
有趣的海洋生物

　　海底是个丰富奇妙的世界，除了凶猛的动物、美丽的植物，还有一些生物，这些生物虽然只是海底世界微小的一份子，但也是不可缺少的角色。那么，这些动物都有哪些呢？又有哪些生活习性和特点呢？孩子们，带着这些疑问，我们来看看本章的内容。

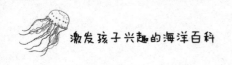

救人于危难的天才表演家——海豚

关于海豚的传说很多，有些也确有其事。例如，希腊历史学家罗图斯图在《亚里翁传奇》一书中记载了这样一个不可思议的故事：

亚里翁是一位生活在公元前6世纪列斯堡岛的著名抒情诗人和音乐家，有一次在意大利巡回演出后，便携大量钱财乘船准备返回科林敦，途中，水手见钱眼开，企图谋财害命。当时，亚里翁请求让他再唱一支歌，水手们答应了。谁知，他那动听的歌声竟引来了无数的海洋巨兽！在他被扔进大海之后，其中的一只便将他一直驮到岸边。这种神秘的动物就是大名鼎鼎的海豚，即使到了近代，海豚救人的事件还屡有发生，像1949年出版的《自然史》杂志，便刊登了美国佛罗里达一位律师夫人被海水淹得昏迷过去，正当生死攸关之际，附近的一头海豚将她推上了沙滩。

海豚不仅能救人于危难之际，而且是个天才的表演家，它能表演许多精彩的节目，如钻铁环，玩篮球，与人"握手"和"唱歌"等。更重要的是，海豚都有自己的"信号"，这"信号"能让同伴知道自己所在的位置，便于彼此相互联络。

那么，海豚有怎样的生活习性呢？

海豚是小到中等尺寸的鲸类。体长1.5~10米，体重50~7000千克，雄性通常比雌性大。多数海豚头部特征显著，由于透镜状脂肪的存在，喙前额头隆起，又称"额隆"，此类构造有助于聚集回声定位和觅食发出的声音。一些海豚虽有额隆，但喙部较短，隆起的前额仅勾画出方形外观。多数海豚的体型圆滑、流畅，有弯如钩状的背鳍（也存在其他形态）。某些海豚体表有醒目的彩色图案，另一些则是较为单调的颜色。

通常，鼠海豚被用于和海豚相关的物种，它们没有形态完好的喙吻，头部近似方形、体型较短粗。而多数海豚的喙部形态显著，体纤细呈流线型。海豚头骨的面部凹陷宽阔，上颌骨后端自喙上延伸，鳞骨颧突小，被扩大的上颌骨和额骨遮掩，喙部形态从宽短到狭长各不相同。下颌与分支融合长度不超过40%。

海豚栖息于热带的温暖海域，但也有一些如露脊海豚更喜欢寒冷水域。通常生活在浅水或至少停留在海面附近。它们不像其他鲸类那样长时间深度潜水，游速快并带有杂耍特征。

海豚游速迅捷，通常最快速度在30~40千米/小时，个别种类的海豚时速可以超过55千米/小时，并能维持很长时间，是海洋中的长距离游泳冠军。

有些海豚是高度社会化物种，生活在大群体中，呈现出许多有趣的集体行为。群内成员间有多种合作方式，比如，集群的海豚有时会攻击鲨鱼，通过撞击杀死它们，成员间也会协作救助受伤或生病的个体。海豚群经常追随船只乘浪前行，时而杂技般的跃水腾空，景象蔚为壮观。

海豚主要以鱼类和乌贼为食，像其他齿鲸一样，海豚依赖回声定位进行捕食，甚至可以用高声强击晕猎物。

然而，随着人类文明的逐渐发展，人类不假思索地向海洋和河流倾倒各种生活垃圾、工业废水，还有各种农药污染和油田废物，已经让原本清澈的海洋变得浑浊不堪，而石油泄漏等大型事故时有发生，更是让海洋环

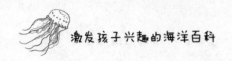

境进一步恶化。海豚的生存环境受到威胁，另外全球变暖、气候变化、海平面上涨引发的降水、水温和盐分等生态环境变化，特别是部分沿海水温在短短半个世纪上升了3~4℃，变化之快，使海豚们应接不暇，无所适从。

　　就在不经意的短短几十年间，它们曾经的欢快游弋的水中乐园，已经变得四面楚歌，岌岌可危了。

认真负责的"海底医生"——清洁虾

大海里面有一位海底医生清洁虾，你认识这个生物吗？清洁虾的用途是非常多的，它可以祛除鱼身上一些不干净的东西，也可以净化海底环境，因此，它是有名的"海底医生"，也是受大家欢迎的"交际小能手"。

清洁虾是藻虾科中以在鱼类等海生动物的身体表面上食寄生虫做清洁行动而为人所知的虾类。即使只把手放进水槽中，它们也会走过来，以它们那对细小的"剪刀"巧妙地进行清洁。这类虾也对水质的急速变化反应很快，会即时死去，因此，当将其放进水槽时，一定要使它们适应水质的改变。它们对一些扁平的食物尤为喜欢，可以给它们多些蟹仔等生饵。水质的保持是可使这类虾生长更长久的条件。

清洁虾经常寄居在大鱼的身体表面，这样，鱼皮上的寄生虫就会被它们吃掉了，并且，清洁虾还会钻进大鱼嘴里去给它"清洁牙齿"，消灭其牙缝中的剩余食物和寄生虫。因其"服务"细心周到，而被很多海底生物喜欢，毕竟多亏了它们的辛勤劳动，鱼儿们才能更加健康地生长。

有趣的是，无论是在平时多么凶悍的鱼，在清洁虾在对它们进行"治疗"时，都会温顺地任由清洁虾摆弄。并且如果某一条鱼身体上的寄生虫太多，这些清洁虾还会叫来自己的小伙伴一起为这条鱼"会诊"。

就这样，清洁虾填饱了自己的肚子，而鱼儿们也可以更健康的在海底

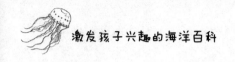

生存，对于两者来说简直是共赢，而我们"医术精湛"的清洁虾也因此成为了海洋中名副其实的"海底医生"。

你可能想不到的是，清洁虾不但愿意为海底鱼类清洁身体，而且就连在海底潜水的人类，也很受清洁虾欢迎呢！

英国一家媒体报道，美国马萨诸塞州13岁男孩罗素·拉曼和他的父亲蒂姆·拉曼在巴厘岛潜水的时候，成功模仿了鱼类，张口让水中的清洁虾进入并帮他洁牙。

奇妙的是，水下的白色带状清洁虾顺利进入罗素的口中，并且开始取出罗素牙齿间的"残留食物"。"感觉像是牙医在我口中进进出出地做各种小动作"，罗素兴奋地说："有点痒但不是很厉害。"

罗素从6岁时就经常和父亲潜入海底潜水，对于水下世界颇为了解，它了解到海底清洁虾的巨大功用后，便想到了让清洁虾为自己清洁牙齿的"主意"。他和父亲在一块凸出的海绵状岩层附近发现了一个"牙齿清洁站"，清洁虾在这里提供服务。罗素大胆地在这里进行了尝试。

最终，罗素顺利地完成了这一切，在清洁结束时，他仍然模仿鱼类，慢慢合上嘴唇，清洁虾感受到信号，便从他口中游了出来。清洁虾就如同海底的医生，深受海底生物的喜爱，不能伤害清洁虾已经成为海底生物都必须遵守的规则。

孩子们，你有没有喜欢上清洁虾呢？它是不是非常的厉害？平时一些喜欢养虾的朋友一定要注意了，在养虾的时候应该对水质多加注意，因为虾对水的要求是比较高的，一定要保持这一点，这样才有利于清洁虾的生长，让这位海底医生更加健康。

另外，虾类对于药剂都是相当敏感的，尤其是治疗用的铜，过高的盐类也是虾类的威胁。另外缸中碘元素的失衡也会影响虾类的脱壳生长。而对于水质的改变也不宜变化过大，不然这些看似强韧的虾类有时也会变得很娇脆而容易死亡的。

在喂食上，其实无论是人工饲料还是冷冻饲料，清洁虾都比较容易接受。

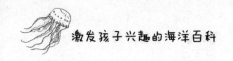

会飞的鱼——飞鱼

孩子们，你听说过会飞的鱼吗？其实，这样的鱼真的存在，它就是飞鱼。飞鱼是约40种海洋鱼类的统称，以"能飞"而著名，所以称飞鱼。但飞鱼不是真的在飞翔，感觉上好像是在拍打翼状鳍，其实只是滑翔。

那么，飞鱼长什么样子呢？

飞鱼长相奇特，胸鳍特别发达，像鸟类的翅膀一样。长长的胸鳍一直延伸到尾部，整个身体像织布的"长梭"。凭借自己流线型的优美体型，飞鱼可以在海中以每秒10米的速度高速运动。它能够跃出水面十几米，空中停留的最长时间是40多秒，飞行的最远距离有400多米。飞鱼的背部颜色和海水接近，它经常在海水表面活动，成群地在海上飞翔，外表像鲤鱼，鸟翼鱼身，头白嘴红，背部有青色的纹理，常常夜间飞行。

飞鱼在水下加速，游向水面时，鳍紧贴着流线型身体。一冲破水面就把大鳍张开，尚在水中的尾部快速拍击，从而获得额外推力。等力量足够时，尾部完全出水，于是腾空，以每小时16千米的速度滑翔于水面上方几尺处。飞鱼可做连续滑翔，每次落回水中时，尾部又把身体推起来。较强壮的飞鱼一次滑翔可达180米，连续的滑翔时间长达43秒，距离可远至400米。

飞鱼是生活在海洋上层的鱼类，是各种凶猛鱼类争相捕食的对象。飞鱼并不轻易跃出水面，每当遭到敌害攻击的时候，或者受到轮船引擎震荡声刺激的时候，才施展出这种本领来。可是，这一绝招并不绝对保险。有时它在空中飞翔时，往往被空中飞行的海鸟所捕获，或者落到海岛，或者撞在礁石上丧生。飞鱼生活在热带、亚热带和温带海洋里，在太平洋、大西洋、印度洋及地中海都可以见到它们飞翔的身姿。有些种类有季节性近海洄游习性，形成渔汛。

可是，飞鱼为什么会飞呢？

飞鱼多年来引起了人们的兴趣，随着科学的发展，高速摄影揭开了飞鱼"飞行"的秘密。其实，飞鱼并不会飞翔，每当它准备离开水面时，必须在水中高速游泳，胸鳍紧贴身体两侧，像一只潜水艇稳稳上升。飞鱼用它的尾部用力拍水，整个身体好似离弦的箭一样向空中射出，飞腾跃出水面后，打开又长又亮的胸鳍与腹鳍快速向前滑翔。它的"翅膀"并不扇动，靠的是尾部的推动力在空中做短暂的"飞行"。仔细观察，飞鱼尾鳍的下半叶不仅很长，而且很坚硬。所以说，尾鳍才是它"飞行"的"发动机"。如果将飞鱼的尾鳍剪去，再把它放回海里，没有像鸟类那样发达的胸肌，本来就不能靠"翅膀"飞行的断尾的飞鱼，只能带着再也不能腾空而起的遗憾，在海中默默无闻地度过它的一生！

飞鱼是鲨鱼、鲜花鳅、金枪鱼、剑鱼等凶猛鱼类争相捕食的对象。飞鱼在长期生存竞争中，形成了一种十分巧妙的逃避敌害的技能——跃水飞翔，可以暂时离开危险的海域。当然，飞鱼这种特殊的"自卫"方法并不是绝对可靠的。在海上飞行的飞鱼尽管逃脱了海中之敌的袭击，但也常常成为海面上守株待兔的海鸟，如"军舰鸟"的"口中食"。飞鱼就是这样一会儿跃出水面，一会儿钻入海中，用这种办法来逃避海里或空中的敌害。飞鱼具有趋光性，夜晚若在船甲板上挂一盏灯，成群的飞鱼就会寻光而来，自投罗网撞到甲板上。

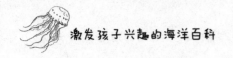

2008年5月，日本NHK电视台的职员在屋久岛海岸附近拍摄到一段飞鱼飞行的视频，时间长达45秒钟，这是目前最长的飞鱼飞行视频记录。

位于加勒比海东端的珊瑚岛国巴巴多斯，以盛产飞鱼而闻名于世。这里的飞鱼种类近100种，小的飞鱼不过手掌大，大的有2米多长。据当地人说，大飞鱼能跃出水面约400米高，最远可以在空中一口气滑翔3000多米。显然这种说法太夸张了。但飞鱼的确是巴巴多斯的特产，也是这个美丽岛国的象征，许多娱乐场所和旅游设施都是以"飞鱼"命名的。

强力黏合剂——藤壶

孩子们，如果你曾去过海边或者生活在海边，你可能见到过一种粘附在石头或者码头上的坚硬物质，它可不是贝壳，而是一种叫藤壶的动物，你一定没听过这种动物，它是附着在海边岩石上的一簇簇灰白色、有石灰质外壳的节肢动物。它的形状有点像马的牙齿，所以生活在海边的人们常叫它"马牙"，藤壶体表有坚硬的外壳，柄部已退化。在顶部有4片由背板及盾板组成的活动壳板，由肌肉牵动开合，藤壶可由此伸出蔓脚捕食。藤壶不但能附着在礁石上，而且能附着在船体上，其吸附力极强。藤壶在每一次脱皮之后，就要分泌出一种粘性的藤壶初生胶，这种胶含有多种生化成分和极强的粘合力，从而保证了它极强的吸附能力。藤壶是雌雄同体，行异体受精。它们能够从水中直接获取精子受孕。

多种类的藤壶在附着时，并不会附着在固定的生物体上，可能是岩礁上、码头、船底等，凡有硬物的表面，均有可能被它附着，甚至在鲸鱼、海龟、龙虾、螃蟹、琥珀的体表，也常会发现有附着的藤壶。海边圆椎型藤壶的个体不大，但吸附力极强，若想用手把它从附着物上拔起，那几乎是不可能的事，必须借助凿子类的硬金属才能将它敲下来。也因为它有坚硬且附着力强的外壳，常会造成岸边戏水者无意间的伤害。

藤壶分布范围甚广，几乎任何海域的潮间带至潮下带浅水区，都可以

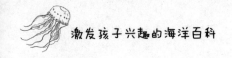

发现其踪迹；它们数量繁多，常密集聚在一起，成型后的藤壶是节肢动物中唯一行固着的动物。

藤壶的开孔部，都有一个由许多小骨片所形成的活动壳盖，当水流经过孔部时，壳盖会打开，会由里面伸出呈羽状的触手，有4片由背板及盾板组成的活动壳板，由肌肉牵动开合，藤壶滤食水中的浮游生物，等到退潮后，壳盖会紧紧地闭起，以防止体内的水份流失，以及防御其他生物的侵扰。虽然藤壶有很坚硬的外壳保护，但海中的海星、海螺，以及天上的海鸥，都会把它视为摄食对象。

在海岛，凡有礁岩处便会有藤壶，海底岩石任生长，阳光海水任享用，比起别的水族，惬意多了。

生长速度最快的栖藻——巨藻

海底世界丰富多彩、奥妙无穷，有很多已知的和未知的生物，其中最常见的就是巨藻。巨藻是藻类王国中最长的一族，其个体长达一百多米，因而称为巨藻。成熟的巨藻一般有70~80米长，最长的可达到500米。巨藻生长很快，在适宜的条件下，一棵巨藻每天可生长30~60厘米，全年都能生长。一年里一棵巨藻可长到60多米。在春夏之际，只要水温适宜，它每天可以生长2米左右，每隔16~20天体积就增大一倍。这种速度，无论在陆地还是在海洋，所有其他植物都望尘莫及。

巨藻的中心是一条主干，上面生长着100多个树枝一样的小柄，柄上生有小叶片，有的叶片长达1米多，宽度达到了6厘米到17厘米。叶片上生有气囊，气囊可以产生足够的浮力将巨藻的叶片乃至整个藻体托举起来。这些气囊有规律的排列在叶片主叶脉的两侧。在巨藻生长茂盛的地方，巨大的叶片层层叠叠地可以铺满几百平方公里的海面。由于气囊作用，可使藻体浮在海面上，使海面呈现出一片褐色，故有人称为"大浮藻"。所以，无论是从生长速度还是速度上，巨藻都可称得上是"世界之最"了。

在水深流急的海底岩石上往往都能看到巨藻，它们一般垂直分布于低潮线下5~20米。在一些透明高的水域，在水下30米甚至也能看到，而通常来说，它们在18~20米处生长最为茂盛。其生长最适水温为8~20℃。在适宜条件

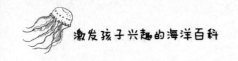

下，藻体日增长度可达 50厘米，藻体成熟的年龄为12~14个月。

巨藻分布在美洲太平洋沿岸，属冷水性海藻。在美国加利福尼亚和墨西哥下加利福尼亚州沿海藻场，因为水温适宜，一年四季都能生长出成熟的孢子叶，在夏秋季节，尤为繁盛。因为巨藻能耐受的温度上限为23~24℃，孢子叶发育的适温上限为20℃。配子体生长的最适温度为13~20℃，发育的最适温度为13~17℃，配子体和孢子体生长发育的最适光强为2000~3000勒克斯。

孢子体长达几十至百米以上，固着器由数回叉状分枝的假根组成，呈圆锥状，茎直立，圆柱形，靠近基部数回叉状分枝，叶片偏于一侧排列在茎上，由于茎扭曲而呈螺旋状。成熟的叶片不分裂，略隆起。边缘有锯齿且叶柄短，叶的基部具有亚球形或纺锤形的气囊。孢子囊生在藻体基部的孢子叶中，孢子叶开始全缘，后来从基部到顶端分裂成相等的两部分，经4~5次分裂后形成较窄的线形叶，孢子囊散布于孢子叶整个表面。配子体微小，生活史为孢子体发达的异形世代交替。有3种分布于美洲西部以及大洋洲和南非沿岸，不但可供人类食用，还能用作饲料，在海藻中，还能提取其中的褐藻胶、碘、甘露醇或制造甲烷。

巨藻不仅是一种常见的海洋生物，更是化工、能源、医药等领域的重要原料。因为巨藻体内80%是水分，并含有钾和碘等，因此可以提取多种化工原料，另外，巨藻含有氨基酸及微量元素。有美国学者研究提出，用它治疗产妇贫血，可使血色素提高至12g，有效率为85%，还能降低感冒发病率，对缩短病程和缓和症状有着奇特功效。此外，对提高老年人的体力和抗疲劳也能起到良好作用。我国于1978年从墨西哥引进，已在大连、山东长岛等海域养殖成功。

会发声的鱼——石首鱼

孩子们，你听说过会发出声音的鱼吗？其实，这种鱼不但存在，而且有的鱼类声音还不小呢。鲸鱼、娃娃鱼、鳄鱼、甲鱼、海豚等不属于鱼类，虽然它们是会叫的。在会发声的鱼中，最为出名的就是石首鱼了。

研究人员在研究时用水下麦克风和声波测量仪对150万条石首鱼在交配期间的声音进行了测量，测量结果表明，它们在交配期间的叫声是水生生物界目前有记录最大的声音之一。

一开始，两位研究人员甚至认为他们带来的装置是坏的，因为他们根本没有料想到海洋中的鱼类能发出如此巨大的声音，而在石首鱼中，雄性石首鱼的声音比雌性更大，甚至能干扰到周围其他生物的听觉能力。

海湾石首鱼的单次发声时间是0.5秒，其中有九个单独的脉冲可以高达2000Hz。研究人员还将石首鱼群叫声与经纬度之间的关系画了出来，很明显，他们在这之前并没有做过这一工作，所以，要求他们在石首鱼交配季节做出更为密切的调查是不现实的，不过研究人员还是暗示我们声音大小可能跟分布密度有关。

那么石首鱼长什么样子呢？

石首鱼，是鲈形目石首鱼科约160种鱼的统称。又名黄花鱼，也叫江鱼。此鱼出水能叫，在夜间能发出光芒，在它们的头部，有类似棋子一样

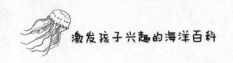

的石头，故取名为石首鱼。一般为底栖，肉食性，大部分分布在暖海或热带沿海，少数生活于温带或淡水水域。

石首鱼一般为银白色，具二背鳍，大多数能借连在鳔上的强大肌肉的活动而发出声音，鳔起共鸣室的作用，使声音扩大，故英文名意为鼓鱼。弱鱼、海鳟及鳔胶鱼的口大，下腭突出，犬齿发达，但大多数石首鱼下腭不突而且牙小，有些颏部具须。

体型大小不一，最大的可重达100千克，是加利福尼亚湾的麦克唐纳氏犬牙石首鱼，除此之外，其他的石首鱼都小得多。

虽然croaker或drum之名可用于整个石首鱼科以及某些种，但本科一些种却俗称弱鱼及海峡巴司鱼等。本科许多种为食用鱼或游钓鱼，其中知名种类有西大西洋的大型淡红色的红石首鱼、美洲河湖产的银色的淡水石首鱼、大西洋以无鳔闻名的王鱼及西大西洋的灰或铜红色的黑石首鱼。

石首鱼主要生活在多泥沙的海底，大部分过群体生活。石首鱼主要以贝类动物和软体动物为食。与其他鱼不同的是，石首鱼群经常会发出呻吟一样的声音，目的是发出与同类联络的信号，但是它们的这一生活习性却被渔民们知晓了，渔民们便根据这一点捕捞石首鱼。

中国所产的石首鱼种类有大黄鱼、小黄鱼以及梅童鱼。每年的4月，来自海洋绵延数里长，鱼来时的声音有如雷鸣。渔民用竹筒探到水下，听到它们的声音后就下网捕捞。向鱼的身上泼些淡水，就浑身没有力了。鱼捕上来后，在船中装满坚冰，将鱼冷冻。不然，鱼易腐烂，不能运送到远方。

善于伪装的海洋生物——小丑鱼

前面，我们已经了解过海葵这种海洋植物，它们有触手，且是有毒的，不过似乎小丑鱼对毒素有着天生的免疫能力。在它们遇到其他海洋生物或动物的攻击时，它们会立即做出反应，然后立即逃到海葵的保护下，这样不仅能自我保护，还能让自己充当海葵捕食其他动物的诱饵。

小丑鱼别称海葵鱼，是雀鲷科海葵鱼亚科鱼类的俗称，小丑鱼之所以有这样的名字，是因为它的脸上有一条或者两条白色条纹，这是京剧中的角色，而小丑鱼与海葵有着密不可分的共生关系，栖息于珊瑚礁与岩礁中，稚鱼时常与大的海葵、海胆或小的珊瑚顶部共生。

在小丑鱼身体的表面，有一种粘液，能起到保护它的身体不受海葵影响的作用，而海葵对小丑鱼也有保护作用，能让小丑鱼不被其他大型生物攻击。而小丑鱼对海葵来说，也是贡献巨大的，小丑鱼可以通过让自己当诱饵的目的，将其他生物引到海葵身边，增加海葵捕食的机会，也可除去海葵的坏死组织及寄生虫，同时因为小丑鱼的游动可减少残屑沉淀至海葵丛中。小丑鱼也可以借着身体在海葵触手间的摩擦，除去身体上的寄生虫或霉菌等。

小丑鱼并不是唯一雌雄同体的动物，但它们是为数不多的雄性可变成雌性，雌性无法变成雄性的物种。每个小丑鱼种群都有一个统治地位的雌性和几个成年雄性，后者在青年期是雌雄同体。如果具有统治地位的雌性

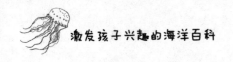

死亡，其中一只成年雄性将经历荷尔蒙变化，转变成为该种群中的新雌性。在产卵期，公鱼和母鱼有护巢、护卵的领域行为，其卵的一端会有细丝固定在石块上，一星期左右孵化，幼鱼在水层中漂浮一段时间之后，才会栖息到海葵等共生性生物上。

小丑鱼有哪些品种?

1.黑双带小丑鱼

黑双带小丑鱼体长10~15厘米，在印度洋中的珊瑚礁海域能看到分布于印度洋中的珊瑚礁海域，身体黑色，呈椭圆形，体侧在眼睛后、背鳍中间。尾柄处有3条银白色垂直环带，嘴部银白色，经眼睛有一条黑带。黑双带小丑鱼的生存环境要求水质澄清，饵料有丰年虾、鱼虫、切碎的鱼虾肉、海水鱼颗粒饲料等，喜欢躲在珊瑚中。

2.红小丑鱼

红小丑鱼的分布范围包括泰国湾至帕劳群岛西南部、北至日本南部、南至印度尼西亚的爪哇一带海域。成年小丑鱼体呈黑色，头部、胸腹部以及身体各鳍均为红色。眼睛后方具一镶白缘之宽白带，向下延伸至喉峡部。亚成鱼体一致橙黄色，眼睛后方具一白色竖带。

3.透红小丑鱼

透红小丑鱼分布于印度洋、太平洋的珊瑚礁海域，体长10~15厘米，椭圆形。全身紫黑色，各鳍紫红色，体侧在眼睛后、背鳍中间、尾柄处有3条银白色环带，非常美丽。饵料有海水中的藻类、动物性浮游生物、海水鱼颗粒饲料等。

4.红双带小丑鱼

红双带小丑鱼分布于印度洋、太平洋的珊瑚礁海域和台湾、中国南海及菲律宾等地，体长10~12厘米，椭圆形。全身鲜红色，体侧在眼睛后、背鳍中间、有两条银白色环带。双带小丑鱼的体色多变，有鲜红、紫红、紫黑等。饵料有海水鱼颗粒饲料、切碎的鱼肉、海藻等。水质要求澄清，喜欢躲在多彩的海葵中。

5.公子小丑鱼

公子小丑鱼分布于中国南海、菲律宾、西太平洋的礁岩海域，体长10~12厘米，椭圆形。体色橘红，体侧有3条银白色环带，分别位于眼睛后、背鳍中央、尾柄处，其中背鳍中央的白带在体侧形成三角形，各鳍橘红色有黑色边缘。饵料有丰年虾、海藻、切碎的鱼肉、颗粒饲料等。

6.咖啡小丑鱼

咖啡小丑鱼主要分布于我国台湾、菲律宾、太平洋的珊瑚礁海域，椭圆形，身棕色，长5~8厘米。眼睛后方有一条白色环带，犹若套在脖子上的银圈。嘴银白色，从嘴沿着背部到尾柄连同背鳍都是银白色。饵料有藻类、鱼虫、丰年虾、海水鱼颗粒饲料等，喜欢栖息在海葵或珊瑚丛中。

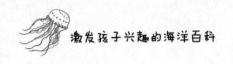

海底"鸳鸯"——鲎

孩子们，相信你在一些文学作品或者电视节目中一定听说过"鸳鸯"这种鸟类。鸳鸯是经常出现在中国古代文学作品和神话传说中的鸟类，经常被比喻为成双成对的爱人，其实，在海洋中，也有类似的生物，它就是鲎，鲎音"hòu"。

鲎形似蟹，属于肢口纲，鲎有四只眼睛，其中两只是复眼，鲎身体呈青褐色或暗褐色，包被硬质甲壳，头胸甲前端有0.5毫米的两只小眼睛，对紫外光最敏感，只用来感知亮度，头胸甲两侧有一对大复眼。鲎通常是背朝下的，这能拍动鳃片以推进身体游泳，但它也能将身体弯成弓形，钻入泥中，然后用尾剑和最后一对步足推动身体前进。

鲎这种海洋动物并不是自古就有的，而是出现在泥盆纪时期，当时恐龙还未崛起，最原始的鱼类才开始出现，随着时间的推移，与其同时代的动物要么进化，要么灭绝，唯独鲎从4亿多年前问世至今仍保留其原始而古老的相貌，所以鲎有"活化石"之称。

最早的鲎化石见于奥陶纪（5.05亿~4.38亿年前），形态与现代鲎相似的鲎化石出现于侏罗纪（2.08亿~1.44亿年前）。

鲎与三叶虫同样古老，但三叶虫如今却只剩下化石了，鲎一共被分为4种，见于亚洲和北美东海岸。又称马蹄蟹，但它不是蟹，而与蝎、蜘蛛以及已灭绝的三叶虫有亲缘关系，具有很高的药用价值。

在每个雌鲎的周围，通常由最少一个，也有可能是多个雄鲎伴随，雌鲎会在沙上挖一系列浅坑，在每个坑中产卵，数量可达200~300粒，然后雄鲎用精液将卵覆盖。一般来说，产卵地点正好位于高潮线下。几周后，卵会变成鲎的幼体，大概有5毫米长，主要从储存的卵黄中吸收营养。到了第二幼体期，鲎的幼体会出现一条短的尾节，此时开始以小型动物为食，冬天时躲在泥滩中。到了第三幼体期，鲎的幼体形成小的成体，幼体会经过一段蜕皮时间，其表皮脱落，每次蜕皮体长即增加约25%。到9~12岁时约蜕皮16次达到性成熟。成体鲎则以海生蠕虫为食，身上常覆以各种带壳的生物。

每当春夏季鲎的繁殖季节，雌雄一旦结合，就总是一同出现，雌鲎身体肥大强壮，它们经常驮着瘦小的雄鲎在沙滩上蹒跚前行，因此，如果此时捉到一只鲎，提起来便是一对，故鲎享"海底鸳鸯"的美称。

专业医学人士在对鲎进行研究和分析后发现，鲎的血呈蓝色，且有着很独特的作用，用鲎血制成试剂，再滴入注射液，若试剂立即凝固或变色，就说明鲎的血液中含有使人发热、休克甚至死亡的细菌类毒素。

鲎这种海洋生物无论是从经济还是药用上来说，都有很高的价值，鲎的血液中含有铜离子，所以这就导致它们的血液是蓝色的，这种蓝色血液的提取物——"鲎试剂"，可以准确、快速地检测人体内部组织是否因细菌感染而致病；在制药和食品工业中，可用它对毒素污染进行监测。科学家也使用鲎血研究癌症。但是，鲎在被抽血后就继续被放回到海洋中。

在中国的一些海洋附近，也有鲎的存在，尤其是福建沿海地带，每年的4月下旬至8月底均可繁殖。通常于日落后，在大潮的沙滩上产卵，自立夏至处暑进入产卵盛期。大潮时多数雄鲎抱住雌鲎成对爬到砂滩上挖穴产卵。

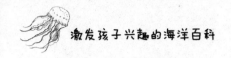
　　另外，科学家们惊奇地发现鲎的复眼有一种"侧抑制"现象，能使物体的图像更加清晰，人们将这一原理应用于电视和雷达系统中，提高了电视成像的清晰度和雷达的显示灵敏度。为此，这种亿万年默默无闻的古老动物一跃成为近代仿生学中一颗引人瞩目的"明星"。

第07章
海洋资源的开发与海洋保护

　　近年来，随着海洋环境的严重污染，海洋资源被过度地开发利用，导致海洋环境及其资源的严重破坏，对海洋生物、动物的生存以及人类的天气、气候产生严重的影响，海洋保护这一名字也逐渐进入人们的视野，目前各国也相继出台和采取了一些保护海洋的政策，这样能消除和减少人为的不利影响，不过即使如此，海洋保护依然任重道远，需要全世界人民的共同努力，小朋友们，希望你在生活中也能成为保护海洋的一分子。

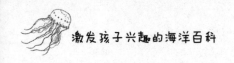

海洋资源有哪些

孩子们，在前面的章节中，我们已经对海洋有了一定的了解，包括海洋大致分布、海洋生物、海洋动物，这些都构成了海洋的资源与环境，近些年来，各国对海洋资源越来越重视，且开发力度越来越大，那么，什么是海洋资源，海洋资源又有哪些呢？

海洋资源指的是与海水水体、海底及海面本身有着直接关系的物质和能量。海洋占地球表面的71%，蕴藏着80多种化学元素。有人计算过，如果将1立方千米海水中溶解的物质全部提取出来，除了9.94亿吨淡水以外，可生产食盐3052万吨、镁236.9万吨、石膏244.2万吨、钾82.5万吨、溴6.7万吨，以及碘、铀、金、银等，由此可见海洋资源的价值。

海洋资源的种类有：

1.水资源

水是生命之源，而海洋则是生命的摇篮，除了水，海洋中还有丰富的化学资源，加强对海水（包括苦咸水，下同）资源的开发利用，是解决广大地区的淡水缺乏和资源短缺问题的关键所在，也是实现可持续发展的重要部分，其中重要的途径就是实现海水淡化。

2.食物资源

在近海水域有很多自然生长的海藻，是世界小麦总产量的15倍以上，如果把这些藻类加工成食品，就能为人们提供充足的蛋白质、维生素以及人体所需的矿物质。除此之外，海洋中还含有大量的浮游生物，如果将这些浮游生物也加工成食物，那么，300亿人的粮食问题就得到了解决。另外，海洋中更是富有大量的鱼虾，这也是可供人类食用的。以南极为例，南极磷虾每年可产50多亿吨，我们只捕捞1亿~1.5亿吨，就能达到全世界鱼虾捕捞量的一倍还多。

3.油气

油气是海洋重要资源，以石油资源为例，海洋石油资源是世界石油资源总量的34%。不过与陆上油气资源不同的是，海洋油气资源具有分布极为不均衡的特点。

据科学勘察和推算，海底约有1350亿吨石油，占世界可开采石油储量的45%。目前，世界上公认，波斯湾是世界海底石油最为丰富的地区之一。而我国的南海、东海、南黄海和渤海湾，也先后成为重要的油田。

4.锰结核

在世界海洋洋底发现锰结核的总量可达30000亿吨，仅太平洋就有17000亿吨，其中含锰4000亿吨，镍164亿吨，铜88亿吨，钴58亿吨。主要分布于太平洋，其次是大西洋和印度洋水深超过3000米的深海底部。以太平洋中部北纬6°30′~20°、西经110°~180°海区最为富集。经过粗略估计，该地区约有600万平方千米富集高品位锰结核，覆盖率最高可达90%以上。

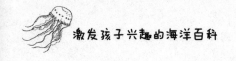

5.砂矿

砂矿主要来源于陆地上的岩矿碎屑，经河流、海水以及一切气候条件的影响下，最后在海滨或者陆架区聚集而成。

从矿带分布的特征上可以看出，金和锡石等比重大的矿物的分布，离海岸较近锆石、独居石、钛铁矿、磷钇矿、金红石等比重较小，沉积的地点较远，而耐磨性很强却又较轻的金刚石被搬运到几百公里远的地方，然后沉积成矿。

6.海洋药物

鲍可平血压，治头晕目花症；海蜇可治妇人劳损、积血带下、小儿风疾丹毒；海马和海龙补肾壮阳、镇静安神、止咳平喘；用龟血和龟油治哮喘、气管炎；用海藻治疗喉咙疼痛等；海螵蛸是乌贼的内壳，可治疗胃病、消化不良、面部神经疼痛等症；珍珠粉可止血、消炎、解毒、生肌等，人们常用它滋阴养颜；用鳕鱼肝制成的鱼肝油，可治疗维生素A、D缺乏症；海蛇毒汁可治疗半身不遂及坐骨神经痛等。另外人们还从海洋生物中提取出了一些治疗白血病、高血压、迅速愈合骨折、天花、肠道溃疡和某些癌症的有效药物。

海洋资源包括海水中生存的生物，溶解于海水中的化学元素，海水波浪、潮汐及海流所产生的能量、贮存的热量，滨海、大陆架及深海海底所蕴藏的矿产资源，以及海水所形成的压力差、浓度差等。

孩子们，你知道吗？我们的国家也有丰富的海洋资源，油气资源沉积盆地约70万平方公里，石油资源量为240亿吨左右，天然气资源量为14万亿立方米，还有大量的天然气水合物资源。

海洋矿产资源的开发

近些年来，各国对矿场资源的开发越来越深入，开发的范围从陆地到了海洋，海洋矿产资源这一专有名词也逐渐进入人们的视野，海洋矿场资源，又名海底矿产资源，是海滨、浅海、深海、大洋盆地和洋中脊底部的各类矿产资源的总称。

海洋矿产资源，按矿床成因和赋存状况分为砂矿、海底自生矿产和海底固结岩中的矿产。

砂矿，陆地上的岩矿碎屑在经过河流、海水以及冰川与风的作用下，最终在陆架区或者海滨或陆架区聚集下形成，砂矿有很多种，常见的有砂金、砂铂、金刚石、砂锡与砂铁矿，以及钛铁石与锆石、金红石与独居石等共生复合型砂矿。

海底自生矿产，这种海洋矿产是海洋内的自然矿物，形成方式可以是直接形成，也可以是通过富集后形成，如海绿石、重晶石、磷灰石、海底锰结核及海底多金属热液矿（以锌、铜为主）。

海底固结岩中的矿产，多半是属于陆上的矿产向海底延伸，如海底油气资源、硫矿及煤。而我国海滨砂矿资源主要有钛铁矿、锆英石、独居石、金红石、磷钇矿、铌钽铁矿、玻璃砂矿等十几种，此外还发现了金钢石和砷铂矿颗粒。

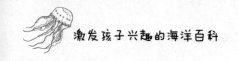

激发孩子兴趣的海洋百科

可以将海滨砂矿划分为8个成矿带，如辽东半岛海滨带、山东半岛海滨带、雷州半岛东部海滨带、海南岛东部海滨带、粤西南海滨带、粤闽海滨带等。特别是广东海滨砂矿资源非常丰富，其储量在全国居首位。

就目前来看，我国的海洋矿产资源呈现了规模小、科技水平不足、国际竞争力不足的问题，致使我国的海洋矿产资源在海洋经济开发当中占据的比例较低。同时，在开发产量上和开发速度上也不足，要实现这些方面的提升，需要解决很多问题，其中急需要面对的一个问题是无节制地开发和环境污染问题。

在海滨砂矿的开采这一问题上，一直以来，我国采取的是无偿使用的制度，很显然，长时间以来造成了很大的浪费与破坏，海洋砂矿的开采通常是由主体包括国家、集体、个人3类，在具体的开采活动中，那些富裕的区域会被开发，而贫瘠的区域则会被抛弃，并且在开采技术水平有限的情况下，只能集中开采其中的几种甚至是一种资源，将其他矿物废弃，导致其他的矿种被破坏，这种破坏和浪费的情况在沿海砂矿的开采中屡见不鲜。在目前海南岛砂矿的开采工作中，出现了不少开采人员乱挖乱堆的现象，不仅破坏了当地的生态自然景观，也容易引发砂灾，在海风运动的影响下，海砂向耕地移动，很多良田因此被掩埋。

要实现海洋矿产资源的可持续发展，首先要从海洋扩展资源相关行业入手，着重改革海洋矿产资源勘探、开发采集等工作。制定海洋矿产开发资源的规划蓝图，强化资源的管理水平，针对我国海洋中的矿产资源进行合理的开发利用，遵循保护与开发并重的原则，尽快制定好关于海洋矿产开采的规章制度，并通过政府干预等手段，强化我国海洋矿产资源的宏观调控和政策支持。此外，海洋矿业是高科技产业，科技、资金投入高，风

152

险也高，为此，要坚持走自我开发与国际合作并举的道路，吸收国外的先进技术和资金，并要树立保护海洋环境的意识，努力在企业中推广实施清洁生产，尽可能地减少对周围海域环境的污染和破坏。

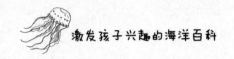
厄尔尼诺现象——全球性气候异常所致

近些年来，在气象学领域，人们常常提到一个词叫"厄尔尼诺"，什么是厄尔尼诺现象呢？厄尔尼诺现象又称厄尔尼诺海流，是太平洋赤道带大范围内海洋和大气相互作用后失去平衡而产生的一种气候现象，就是沃克环流圈东移造成的。厄尔尼诺现象的基本特征是太平洋沿岸的海面水温异常升高，海水水位上涨，并形成一股暖流向南流动。它使原属冷水域的太平洋东部水域变成暖水域，结果引起海啸和暴风骤雨，造成一些地区干旱，另一些地区有降雨过多的异常气候现象。

厄尔尼诺一词源自西班牙文El Niño，原意是"小男孩"或"小女孩"，也指圣婴，即耶稣，用来表示在南美洲西海岸（秘鲁和厄瓜多尔附近）向西延伸，经赤道太平洋至日期变更线附近的海面温度异常增暖的现象。

进入20世纪70年代后，全世界出现的异常天气，有范围广、灾情重、时间长等特点。

在这一系列异常天气中，科学家发现一种作为海洋与大气系统重要现象之一的"厄尔尼诺"潮流起着重要作用。

相传，很久以前，居住在秘鲁和厄瓜多尔海岸一带的古印第安人，很注意海洋与天气的关系。

他们发现，如果在圣诞节前后，附近的海水比往常格外温暖，不久，便会天降大雨，并伴有海鸟结队迁徙等怪现象发生。古印第安人出于迷信，称这种反常的温暖潮流为"神童"潮流，即"厄尔尼诺"潮流。

科学家经过研究发现，太平洋洋面并不是完全水平的。在南半球的太平洋上，由于强劲的东南信风向西北横扫，将海水也由东南向西推动，结果是位于澳大利亚附近的洋面要比南美地区的洋面高出约50厘米。与此同时，南美沿岸大洋下部的冷水不停上翻，给这里的鱼类和水鸟等海洋生物输送大量养料。

令人费解的是，间隔几年后，这种正常的良性环流便被打破。素来强劲的东南信风渐渐变弱进而转为西风，而东太平洋沿岸的冷水上翻势头减弱甚至是全部消失。于是太平洋上层的海水温度便迅速上升，并且向东回流。这股上升的厄尔尼诺洋流导致东太平洋海面比正常海平面升高二三十厘米，温度也会随之上升2~5℃。随后，大气也在这种异常升温被加热，气候自然也就变得反常了，比如，厄尔尼诺曾使南部非洲、印尼和澳大利亚遭受过空前未有的旱灾，同时带给秘鲁、厄瓜多尔和美国加州的则是暴雨、洪水和泥石流。那次厄尔尼诺效应造成了1500余人丧生。

关于厄尔尼诺现象的成因，迄今科学家们尚未找到准确的答案。一些人提出，可能是太平洋底火山爆发或地壳断裂喷涌出来的熔岩的加热作用造成洋流变暖，进而导致信风转弱和逆转。

还有一些人推测，厄尔尼诺的出现也许是因为地球自转的年际速度不均造成的。他们说，每当地球自转的年际速度由加速变为减速之后，便会发生厄尔尼诺现象。然而，近些年来，厄尔尼诺现象发生的频率越来越快，原来5年、7年乃至10年才出现一次，但后来它的周期变成了3~7年。到

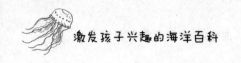

20世纪90年代以后，更是加快到了似乎每两三年就降临一次。

尽管厄尔尼诺的成因尚未查清，但在它面前，人类并不是坐以待毙，1986年国外科学家成功地提前一年预报了厄尔尼诺现象的来临，并研究了厄尔尼诺现象与温室效应之间的关系，我们可以很积极地认为，人类最终能揭开这一自然现象的深层次谜底，并最大程度地避免它给人类带来的危害。

厄尔尼诺不仅给南美沿岸人民生活带来巨大灾难，甚至对全球的气候也带来灾难性影响，如接连出现的世界范围的一些极端天气——暴风雪、旱灾、地震等，媒体上概称为"厄尔尼诺现象"。科学家们则把那些季节升温十分激烈、大范围月平均海温高出常年1℃以上的年份称为厄尔尼诺年。

厄尔尼诺对我国气候也产生严重影响。

首先是台风的减少，厄尔尼诺现象带来了西北太平洋热带风暴（台风）的产生个数及在我国沿海登陆个数均较正常年份少。

其次是厄尔尼诺现象发生的当年，我国北方夏季便会发生高温、干旱，我国的夏季风较弱，季风雨带偏南，位于我国中部或长江以南地区，我国北方地区夏季往往容易出现干旱、高温。

再次是在厄尔尼诺现象发生后的次年，在我国南方，包括长江流域和江南地区，容易出现洪涝，近百年来发生在我国的严重洪水，如1931年、1954年和1998年，都发生在厄尔尼诺年的次年。我国在1998年遭遇的特大洪水，厄尔尼诺便是最重要的影响因素之一。

最后是在厄尔尼诺现象发生后的冬季，我国北方地区容易出现暖冬。

拉尼娜现象——太平洋中东部海水异常变冷

前面一节，我们分析了厄尔尼诺现象的成因与影响，而与厄尔尼诺现象正好相反的是拉尼娜现象，这也是一种极端天气，是热带海洋和大气共同作用的产物。

拉尼娜是西班牙语"La Niña"——是"小女孩、圣女"的意思，是厄尔尼诺现象的反向，也称为"反厄尔尼诺"或"冷事件"，它是指赤道附近东太平洋水温反常下降的一种现象，表现为东太平洋明显变冷，同时也伴随着全球性气候混乱，总是出现在厄尔尼诺现象之后。

拉尼娜现象指的是太平洋东部海水异常变冷的现象，在东南信风的作用下，在海洋表面被太阳晒热的海水吹向太平洋西部，这就导致了西部比东部海平面增高将近60厘米，西部海水稳定的增高和气压的下降，积累的潮湿空气形成台风和热带风暴，东部底层海水上翻，致使东太平洋海水变冷。

太平洋上空的大气环流名称为沃克环流，当沃克环流变弱时，海水吹不到西部，太平洋东部海水变暖，就是厄尔尼诺现象；但当沃克环流变得异常强烈，就产生拉尼娜现象。一般情况下，厄尔尼诺现象结束后，拉尼娜现象就会紧随其后，出现厄尔尼诺现象的第2年，都会出现拉尼娜现象，有时拉尼娜现象能持续时间长达两三年，1988~1989年、1998~2001年都发生了强烈的拉尼娜现象，1995~1996年发生的拉尼娜现象较弱，一些科学家

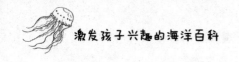

提出，全球变暖已经是一种趋势，所以，拉尼娜现象有减弱的趋势。2011年拉尼娜现象在赤道太平洋海域开始加强。

拉尼娜与厄尔尼诺性格相反，随着厄尔尼诺的消失，拉尼娜的到来，全球许多地区的天气与气候灾害也将发生转变。总体说来，拉尼娜并非性情十分温和，它也可能给全球许多地区带来灾害，其气候影响与厄尔尼诺大致相反，但其强度和影响程度不如厄尔尼诺。

那么拉尼娜究竟是怎样形成的？厄尔尼诺与赤道中、东太平洋海温的增暖、信风的减弱相联系，而拉尼娜却与赤道中、东太平洋海温度变冷、信风的增强相关联。因此，实际上拉尼娜是热带海洋和大气共同作用的产物。

海洋表层的运动主要受海表面风的牵制。信风的存在使得大量暖水被吹送到赤道西太平洋地区，在赤道东太平洋地区暖水被刮走，主要靠海面以下的冷水进行补充，赤道东太平洋海温比西太平洋明显偏低。当信风加强时，赤道东太平洋深层海水上翻现象更加剧烈，导致海表温度异常偏低，使气流在赤道太平洋东部下沉，而气流在西部的上升运动更为加剧，有利于信风加强，这进一步加剧赤道东太平洋冷水发展，引发所谓的拉尼娜现象。

中国海洋学家认为，中国在1998年遭受的特大洪涝灾害，是由"厄尔尼诺—拉尼娜现象"和长江流域生态恶化两大成因共同引起的。

1998年6月至7月，江南、华南降雨频繁，长江流域、两湖盆地均出现严重洪涝，一些江河的水位长时间超过警戒水位，两广及云南部分地区雨量也偏多五成以上，华北和东北局部地区也出现涝情。

中科院院士、国家海洋环境预报研究中心名誉主任巢纪平说，现在的形势是：厄尔尼诺的影响并未完全消失，而拉尼娜的影响又开始了，这使中国的气候状态变得异常复杂。一般来说，由厄尔尼诺造成的大范围暖湿空气移动到北半球较高纬度后，遭遇北方冷空气，冷暖交换，降雨量增多。但到6月后，夏季到来，雨带北移，长江流域汛期应该结束。但这时拉尼娜出现了，南方空气变冷下沉，已经北移的暖湿流就退回填补真空。事实上，副热带高压在7月10日已到北纬30°，又突然南退到北纬18°，这种现象历史上从未见过。

因此，我们可以说，"拉尼娜"它是一种厄尔尼诺年之后的矫正过度现象。这种水文特征将使太平洋东部水温下降，出现干旱，与此相反的是西部水温上升，降水量比正常年份明显偏多。科学家认为："拉尼娜"这种水文现象对世界气候不会产生重大影响，但将会给广东、福建、浙江乃至整个东南沿海带来较多并持续一定时期的降雨。

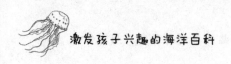

海洋垃圾——对海洋生态环境造成威胁

孩子们，我们生活中会有很多的垃圾，也有专业的清洁工人和环保人士进行处理，而在很多海洋中，也有威胁海洋生态环境的海洋垃圾，所谓海洋垃圾，指海洋和海岸环境中具持久性的、人造的或经加工的固体废弃物。海洋垃圾影响海洋景观，威胁航行安全，并对海洋生态系统的健康产生影响，进而对海洋经济产生负面效应。

这些海洋垃圾一部分停留在海滩上，一部分可漂浮在海面或沉入海底。正确认识海洋垃圾的来源，从源头上减少海洋垃圾的数量，有助于降低海洋垃圾对海洋生态环境产生的影响。

那么，海洋中都有哪些垃圾呢？

1.海面漂浮垃圾

监测结果表明，漂浮于海面的垃圾主要是一些木块、塑料袋、塑料瓶等，也有一些大型的海洋漂浮垃圾，平均个数为0.001个/百平方米；表层水体小块及中块垃圾平均个数为0.12个/百平方米。对于海洋垃圾的分类统计结果显示，在海洋垃圾的种类中，塑料垃圾最多，占到了41%，其次为聚苯乙烯塑料泡沫类和木制品类垃圾，分别占19%和15%。表层水体小块及中块垃圾的总密度为2.2克/百平方米，其中，木制品类、玻璃类和塑料类垃圾密度最高，分别为0.9克/百平方米、0.5克/百平方米和0.4克/百平方米。

2.海滩垃圾

海滩垃圾主要来源于海滩上人类的活动，如烟头、塑料袋、一次性饭盒或者捕鱼网等，其中塑料类垃圾最多，占66%；聚苯乙烯塑料泡沫类、纸类和织物类垃圾分别占8.5%、7.6%和5.8%。

海滩垃圾的总密度为29.6克/百平方米，木制品类、聚苯乙烯塑料泡沫类和塑料类垃圾的密度最大，分别为14.6克/百平方米、4.3克/百平方米和3.5克/百平方米。

3.海底垃圾

海底垃圾主要为玻璃瓶、塑料袋、饮料罐和渔网等。海底垃圾的平均个数为0.04个/百平方米，平均密度为62.1克/百平方米。其中塑料类垃圾的数量最大，占41%；金属类、玻璃类和木制品类分别占22%、15%和11%。

2008年的海洋垃圾监测统计结果表明，人类在海岸活动和娱乐活动，航运、捕鱼等海上活动是海滩垃圾的主要来源，分别占57%和21%；人类海岸活动和娱乐活动，其他弃置物是海面漂浮垃圾的主要来源，分别占57%和31%。

有一项来自法国的专业报道表明，截至2013年，已经有150万动物因为海洋垃圾而丧命，并且，这一问题正呈现逐渐加剧的趋势，塑料垃圾造成的海洋污染对动物存在巨大影响。以太平洋为例，有高达30%的鱼会吃下塑料。海洋生物，无论是鱼，还是鸟都会被影响，而塑料能让它们有致命的危险，一切可被人类食用的生物，也会最终带着毒素来到人类的餐桌上。

我们所消耗的每一片塑料，都有可能流入大海。光是太平洋上的海洋

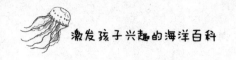

垃圾就已经达到350万平方公里，超过了印度的国土面积，专家们认为，海洋垃圾正在吞噬着人类和其他生物赖以为生的海洋。如果再不采取措施的话，海洋将无法负荷，而人类也终将无法生存。

为此，专家强烈呼吁，公众应增强海洋环保意识，不随意向海洋抛弃垃圾，从源头上减少海洋垃圾的数量，以降低海洋垃圾对海洋生态环境产生的影响，共同呵护我们的"蓝色家园"。

为此，专家建议我们采取下列措施来保护海洋生态环境：

第一，海洋垃圾监测。

为了了解海洋垃圾的来源、种类以及数量，对海洋垃圾的检测必不可少，这样还能评估海洋垃圾以及清理工作的演变趋势。

第二，海洋垃圾清除。

在清理海洋塑料垃圾时，可以分为3个区域分别清理，如海岸、海滩收集法和海上船舶收集法。其中海岸、海滩收集要比海上船舶收集法简单许多，因为垃圾一旦进入海洋，就会造成持续性的污染，也会造成垃圾收集的难度，同时，海上收集垃圾时对船只的技术要求也很高。船只要能形成高速水流通道，同时还要具备翻斗设备和可升降聚集箱，这样才能将漂浮在海上的塑料垃圾聚集起来。

第三，加强公众教育。

一些在海上航行的船员们并未认识到海洋垃圾的危害或者不愿意配合保护海洋环境，他们在上岸时不愿意将垃圾带回港口，也不愿意打捞已经丢在海洋中的垃圾，甚至直接将垃圾丢进海洋里，对此相关部门制定了罚款措施，能有效地阻止这一做法。例如，在1993年美国豪华游轮"帝王公主号"因为倾倒20个垃圾袋到海里被罚款50万美元。这个水平的罚款对随意倾倒海洋废弃物行为具有威慑力。

第四，建立创收项目。

将回收及循环利用海洋污染物连接起来，尤其是在世界一些最贫穷的地区。例如，东非一些小规模项目能创造工作机会并减少海洋垃圾水平，这些项目将会进一步推进。

当然，减少和杜绝海洋垃圾、保护海洋生态环境，还需要我们全人类的共同努力，这也是个任重道远的工程，生活中的小朋友们，你也要有保护海洋的意识哟。

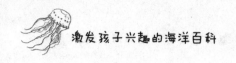

海洋石油污染——世界性的严重污染

近年来，随着人们对海洋资源的开发，海洋污染也逐渐被人们认识，其中对海洋环境污染最严重的大概就是石油污染了，石油污染指的是石油及其产品在开采、炼制、贮运和使用过程中进入海洋环境而造成的污染。特别是海湾战争中造成的海洋石油污染，不但严重破坏了波斯湾的生态环境，还造成洲际规模的大气污染。

造成石油污染的途径有很多，但最为普遍的大概就是相关的事故了。比如，炼油厂的污水经过河流排放到海洋中，而这些污水中都有废旧石油，再比如海洋上的油船漏油或者发生安全事故，使油品直接入海；海底石油开采过程中石油的泄露等，无论是何种途径，只要是石油入海了，就会发生一系列的变化，包括扩散、蒸发、溶解、乳化、光化学氧化、微生物氧化、沉降、形成沥青球，以及沿着食物链转移等过程。

近20年来，海洋邮轮事故已经发生了很多起，如1967年3月，在英吉利海峡发生了一起严重的海洋石油污染事故，这一邮轮是"托利卡尼翁"号油轮。该轮触礁后，短短10天的时间，11.8万吨原油除一小部分在轰炸沉船时燃烧掉外，剩下的全部泄露进入海洋，附近140平方千米的海水全部被污染，25000多只海鸟因为污染而丧生，50%~90%的鲱鱼卵不能孵化，幼鱼也濒于绝迹。

这起事故在国际上引起了很大的影响，后来，英、法两国出动了42艘船、1400多人、使用10万吨消油剂来进行消除，花费了800多万美元。

无独有偶，11年后，超级油轮"阿莫戈·卡迪兹"号在法国西北部布列塔尼半岛布列斯特海湾触礁，22万吨原油全部泄入海中，是又一次严重的油污染事故。

但以上两起事件还并不是最严重的，最严重的当属1979年6月在墨西哥湾发生的"Ixtoc-I"油井井喷事件，直到1980年 3月24日这一油井才封住，共漏出原油47.6万吨，使墨西哥湾部分水域受到严重污染。

石油污染会对环境、对生物、对水产生造成严重的影响。

石油泄露到海洋中后，会在海洋表面形成一层油膜，这样在大气与海洋之间就会形成阻碍，导致二者之间无法进行气体交换，而海面对于电磁辐射的吸收、传递和发射也会受到影响，长期覆盖在极地冰面的油膜，会让海面冰块的吸热能力增强，这些冰块的融化速度就会加快，对全球海平面变化和长期气候变化造成潜在影响。海面和海水中的石油会溶解卤代烃等污染物中的亲油组分，降低其界面间迁移转化速率。石油污染会破坏海滨风景区和海滨浴场。如1983年12月，"东方大使"号油轮在青岛胶州湾触礁搁浅，溢油3000多吨，严重地污染了青岛海滨及胶州湾。

油膜减弱了太阳辐射透入海水的能量，海洋植物会因为光合作用不足而受到影响，油膜沾污海兽的皮毛和海鸟羽毛，其中的油脂物质会被溶解，这样就无法飞行和游泳，更别说对自身的保温了。

其他海洋生物的生活、繁殖与生存都会因为石油污染而被干扰，一些严重被污染的海域还会影响个别生物的丰富程度和分布的变化，这样也就导致了整个族群组成的变化。

石油的浓度较高，低微型藻类的固氮能力会因此减弱而阻碍其生长，

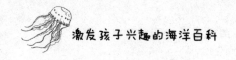

最终导致其死亡。沉降于潮间带和浅水海底的石油，一些海洋动物的幼虫、海藻孢子失去适宜的固着基质或使其成体降低固着能力。石油会渗入大米草和红树等较高等的植物体内，改变细胞的渗透性等生理机能，如果石油污染很严重，甚至会导致这些潮间带和盐沼植物的死亡。

石油对海洋生物的化学毒性，依油的种类和成分而不同。通常，炼制油的毒性要高于原油，低分子烃的毒性要大于高分子烃，在各种烃类中，其毒性一般按芳香烃、烯烃、环烃、链烃的顺序而依次下降。石油之所以能毒害海洋生物，主要是因为它能破坏细胞膜的正常结构和透性，生物体的酶系也会被干扰，以此影响了生物体的正常生理和生化过程，如油污能降低浮游植物的光合作用强度，而细胞的分裂和繁殖也会受到阻碍，使许多动物的胚胎和幼体发育异常、生长迟缓；油污还能使一些动物致病，如鱼鳃坏死、皮肤糜烂、甚至引发动物癌症。

海洋石油污染会改变某些经济鱼类的洄游路线；沾污鱼网、养殖器材和渔获物；着了油污的鱼、贝等海产食品，难于销售或不能食用。

不得不说，保护海洋环境、防止海洋石油污染是全世界需要面临的且不可忽视的共同问题，每个国家都应制定有关法规，制止海洋活动过程中非法排放含油污水，严格控制沿岸炼油厂和其他工厂含油污水的排放。监测监视海区石油污染状况，改进油轮的导航通信等设备的性能，防止海难事故，如果已经发生石油污染，则应立即采取措施回收，对无法回收的薄油膜或分散在水中的油粒，可以喷洒各种低毒性的化学消油剂。做到防治结合、控制污染。

参考文献

[1]冯化平.儿童海洋百科全书[M].北京：华龄出版社，2020.

[2]李继勇.儿童百科全书–海洋百科全书[M].北京：民主与建设出版社，2018.

[3]桑德拉·诺阿.小手电大探秘：海洋世界[M].石家庄：河北少年儿童出版社，2016.

[4]美国国家地理.我的第一本美国国家地理海洋百科[M].杭州：浙江少年儿童出版社，2020.